mentalidades **matemáticas** na sala de aula

B662m Boaler, Jo.
Mentalidades matemáticas na sala de aula : ensino fundamental / Jo Boaler, Jen Munson, Cathy Williams ; tradução: Sandra Maria Mallmann da Rosa ; revisão técnica: Eliane Reame, Walter Spinelli. – Porto Alegre : Penso, 2020.
xii, 235 p. : il. color. ; 25 cm.
v. 2

ISBN 978-85-8429-190-8

1. Matemática. 2. Ensino fundamental. 3. Educação matemática. I. Munson, Jen. II. Williams, Cathy. III.Título.

CDU 51:37

Catalogação na publicação: Karin Lorien Menoncin – CRB 10/2147

JO BOALER
JEN MUNSON
CATHY WILLIAMS

mentalidades **matemáticas** na sala de aula

ensino fundamental

volume 2

Tradução
Sandra Maria Mallmann da Rosa

Revisão técnica
Eliane Reame
Doutora em Educação: Área de Ensino de Ciências e Matemática pela Universidade de São Paulo
Coordenadora do Programa Mentalidades Matemáticas do Instituto Sidarta

Walter Spinelli
Doutor em Educação: Área de Ensino de Ciências e Matemática pela Universidade de São Paulo
Coordenador do Programa Mentalidades Matemáticas do Instituto Sidarta

Instituto Sidarta

penso

Porto Alegre
2020

Obra originalmente publicada sob o título *Mindset mathematics: visualizing and investigating big ideas, grade 5.*
ISBN 9781119358718 / 111935871X

Gerente editorial:
Letícia Bispo de Lima

Colaboraram nesta edição:

Editora:
Paola Araújo de Oliveira

Capa:
Paola Manica

Preparação de originais:
Bianca Franco Pasqualini

Editoração:
Kaéle Finalizando Ideias

Reservados todos os direitos de publicação, em língua portuguesa, à
PENSO EDITORA LTDA., uma empresa do GRUPO A EDUCAÇÃO S.A.
Av. Jerônimo de Ornelas, 670 – Santana
90040-340 – Porto Alegre – RS
Fone: (51) 3027-7000 – Fax: (51) 3027-7070

SÃO PAULO
Rua Doutor Cesário Mota Jr., 63 – Vila Buarque
01221-020 – São Paulo – SP
Fone: (11) 3221-9033

SAC 0800 703-3444 – www.grupoa.com.br

IMPRESSO NO BRASIL
PRINTED IN BRAZIL

As autoras

Jo Boaler é professora de educação matemática na Universidade de Stanford e cofundadora do Youcubed. É autora do primeiro MOOC (aula *on-line* aberta e massiva) de ensino e aprendizagem de matemática. Suas funções anteriores incluem Professora Marie Curie de Educação Matemática na Inglaterra, professora de matemática em escolas de ensino médio de Londres e conferencista e pesquisadora no King's College, em Londres. Seu trabalho foi publicado no *Times*, no *Telegraph*, no *Wall Street Journal* e em muitas outras agências de notícias. A BBC recentemente a nomeou como uma das oito educadoras que "estão mudando a cara da educação".

Jen Munson é aluna de Doutorado na Universidade de Stanford e formadora de professores. Sua pesquisa de Doutorado foca em como o *coaching* pode apoiar os professores no desenvolvimento de suas práticas educativas em matemática, particularmente nos anos iniciais do ensino fundamental, e como as interações entre professor e aluno influenciam a aprendizagem equitativa da matemática. Como formadora de professores, concentra-se no aumento da capacidade de docentes e líderes para produzir salas de aula de matemática enriquecedoras, responsivas e equitativas. Antes de deixar as salas de aula para ser *coach*, lecionou em escolas dos ensinos fundamental e médio em Washington D.C., Chicago e na região de Seattle.

Cathy Williams é cofundadora e diretora do Youcubed. Concluiu especialização em matemática aplicada na Universidade da Califórnia e foi professora de matemática no ensino médio por 18 anos em San Diego. Depois de lecionar, tornou-se coordenadora do Departamento de Educação e diretora de matemática no distrito. Como parte de seu trabalho de liderança, planejou a formação continuada de professores e currículo. Seu trabalho no Vista Unified School District foi premiado com o *California Golden Bell* para instrução em 2013, na categoria K-12 Innovation Cohort (turma inovadora na educação básica, em tradução livre) em matemática. Em Vista, trabalhou com Jo Boaler, mudando a forma como a matemática era ensinada no distrito.

Para todos os professores que seguem uma mentalidade matemática conosco.

Agradecimentos

Agradecemos a Jill Marsal, nossa agente literária, e a Robin Anderson, que desenhou o diagrama em rede estampado em nossa contracapa. Somos gratas a nossos filhos e cães – por tolerarem nossa ausência da vida familiar enquanto trabalhávamos para dar vida à nossa visão das tarefas de mentalidade matemática.

Apresentação à edição brasileira

A principal missão do Instituto Sidarta consiste na busca pela promoção de uma educação de qualidade para todos, por meio de projetos estruturados a partir de estudos, pesquisas, aplicações e publicações que visam a contribuir com a formação de professores da educação básica, bem como com a melhoria de políticas públicas educacionais brasileiras.

O Instituto, em parceria com a Penso Editora, trouxe para o Brasil as obras da professora Jo Boaler, pesquisadora da Universidade de Stanford. Inicialmente, traduziu-se a obra *Mentalidades matemáticas: estimulando o potencial dos estudantes por meio da matemática criativa, das mensagens inspiradoras e do ensino inovador,* que consta na lista dos *best-sellers* nos Estados Unidos, estando presente também em mais de 15 países.

Mentalidades matemáticas na sala de aula é o segundo livro de uma série prática para aplicação de conteúdo em turmas do ensino fundamental. Nessa obra, publicada em 2018, Jo Boaler, Jen Munson e Cathy Williams colocam o foco do trabalho em atividades que estimulam a construção de conceitos, com base em uma matemática aberta, criativa e visual, e compartilham mais um estudo da neurociência aplicada à área. Quando uma pessoa faz atividades relacionadas à matemática, das cinco áreas ativadas no cérebro, duas são do campo visual. Ou seja, quando a matemática é utilizada sem um recurso visual, apenas 60% da capacidade cerebral total é usada para esses novos aprendizados. Com essa proposta de trazer elementos visuais para o ensino da matemática, as autoras ampliam as formas de aprender e de ensinar a disciplina.

Agora, chega a nossas mãos o terceiro livro resultante das pesquisas de Jo Boaler: *Mentalidades matemáticas na sala de aula – volume 2*, também escrito em parceria com Jen Munson e Cathy Williams. Mais uma vez, por meio de propostas desafiadoras e instigantes, este livro proporciona os elementos básicos para garantir um conhecimento profundo a respeito de como estimular alunos no desenvolvimento do pensamento matemático e do raciocínio lógico.

Educadores de todo o Brasil estão usando como referência os conceitos de mentalidades matemáticas e percebendo a alteração no processo de aprendizagem, o que tem gerado uma demanda por mais materiais com essa abordagem.

Mentalidades matemáticas na sala de aula – volume 2 é mais uma obra essencial para aqueles que acreditam, assim como nós, que todos podem aprender matemática em altos níveis.

Instituto Sidarta

Sumário

INTRODUÇÃO

Ainda me lembro do momento em que foi concebido o Youcubed, o centro em Stanford que dirijo. Eu estava nas conferências do NCSM e NCTM* de Denver em 2013, e havia combinado de me encontrar com Cathy Williams, diretora de matemática da Departamento de Educação do Distrito de Vista.** Cathy e eu tínhamos trabalhado juntas no ano anterior melhorando o ensino da matemática em seu distrito. Havíamos testemunhado mudanças incríveis tomando forma, e um documentarista filmou parte do trabalho. Recentemente, eu havia lançado meu curso *on-line* para professores denominado "Como aprender matemática" e estava sobrecarregada com as solicitações de dezenas de milhares de professores para que eu lhes fornecesse mais informações sobre as mesmas ideias. Cathy e eu decidimos criar um *website* e usá-lo para continuar compartilhando as ideias que havíamos utilizado em seu distrito e que eu havia compartilhado em minha aula *on-line*. Logo depois que começamos a compartilhar ideias no *website* Youcubed,*** fomos convidadas para formar um centro na Universidade de Stanford, e Cathy se tornou codiretora do centro comigo.

Nos meses que se seguiram, com a ajuda de uma de minhas alunas da graduação, Montse Cordero, foi lançada nossa primeira versão do youcubed.org. Em janeiro de 2015, havíamos conseguido angariar fundos e contratar engenheiros de programação, e lançamos uma versão revisada que se aproxima do *site* que você conhece hoje. Ficamos muito entusiasmadas com o fato de que, no primeiro mês daquele relançamento, tivemos 5 mil visitas. No momento em que escrevemos isto, nosso *site* está recebendo 3 milhões de visitas por mês. Os professores estão entusiasmados para conhecer as novas pesquisas e se apropriar das ferramentas, dos vídeos e das atividades que traduzem tais ideias de pesquisas em práticas e utilizá-las em seu ensino.

TAREFAS DE PISO BAIXO, TETO ALTO

Um dos artigos mais populares em nosso *site* intitula-se "Fluência sem medo". Escrevi esse artigo com Cathy quando ouvi de muitos professores que estavam sendo obrigados a aplicar provas cronometradas nos anos iniciais do ensino fundamental. Ao mesmo tempo, estava emergindo uma nova neurociência, mostrando que, quando as pessoas se sentem estressadas – como ocorre com os alunos quando se deparam com uma prova cronometrada –, parte do seu cérebro, a memória de trabalho, é restringida. A memória de trabalho é exatamente a área do cérebro que é mobilizada quando os alunos precisam calcular fatos matemáticos, e esta é exatamente a área que é bloqueada quando eles estão tensos. Atualmente temos evi-

* N. de R.T. NCSM é a sigla para *Network, Communicate, Support, and Motivate* (Estabelecimento de Redes, Comunicação, Apoio e Motivação, em tradução livre), uma associação de lideranças na área de matemática. O NCTM é o National Council of Teachers of Mathematics (Conselho Nacional de Professores de Matemática) dos Estados Unidos.

** N. de R.T. Nos Estados Unidos, a educação básica está a cargo dos Departamentos de Educação Distritais (School Districts), que são organizações locais (geralmente no nível da municipalidade) responsáveis por escolas da educação infantil até o ensino médio. Todos os Departamentos de Educação respondem ao governo estadual.

*** N. de R.T. Cursos de matemática para professores, pais e alunos a partir das perspectivas abordadas neste livro.

dências que sugerem fortemente que as provas de matemática cronometradas no começo da escolarização são responsáveis pelo início precoce de ansiedade matemática para muitos estudantes. Leciono um curso para turmas de graduação em Stanford, e muitos dos alunos são traumatizados com a matemática. Quando lhes pergunto o que aconteceu, quase todos relembram, com uma clareza extraordinária, a época na qual recebiam provas com tempo limitado nos anos iniciais do ensino fundamental. Estamos muito satisfeitas em ver que atualmente "Fluência sem medo" tem sido usado em todo o território dos Estados Unidos para eliminar as provas cronometradas dos distritos escolares. Esse artigo já foi "baixado" milhares de vezes, sendo também utilizado em audiências em níveis estadual e nacional.

Uma das razões para o incrível sucesso desse trabalho é que ele não só compartilha noções da neurociência sobre os danos das provas cronometradas, como também oferece uma alternativa a elas: atividades que ensinam fatos matemáticos conceitualmente e por meio de tarefas que alunos e professores podem desfrutar. Uma das atividades – um jogo chamado Quanto Falta para 100 – tornou-se tão popular que milhares de professores tuitaram fotos dos seus alunos jogando. Foi tanta a atenção recebida no Twitter e em outras mídias que Stanford percebeu e decidiu escrever uma reportagem sobre os danos da velocidade para a aprendizagem da matemática. Essa reportagem foi reproduzida por veículos de notícias no país, incluindo o *US News & World Report*, o que, em parte, é responsável pelo grande número de *downloads* e pelo grande impacto causado por esse trabalho. Os próprios professores provocaram essa pequena revolução ao espalharem notícias sobre as atividades e pesquisas.

Quanto Falta para 100 é apenas uma das muitas tarefas que temos no youcubed.org que são extremamente populares entre professores e alunos. Todas as nossas tarefas têm a característica de ser de "piso baixo e teto alto", o que considero uma qualidade extremamente importante para engajar todos os alunos de uma turma. Se você estiver ensinando apenas um aluno, uma tarefa de matemática poderá ser bastante limitada em termos do seu conteúdo e dificuldade. Mas sempre que você tiver um grupo de alunos, haverá diferenças em suas necessidades e eles serão desafiados por diferentes ideias. Uma tarefa de piso baixo e teto alto é aquela na qual todos podem se envolver, independentemente do seu entendimento ou conhecimento prévio, mas também é suficientemente aberta, para que possa se expandir até níveis mais altos, de forma que todos os alunos possam ser profundamente desafiados. Nos últimos dois anos, lançamos em nosso *site* uma semana introdutória de aulas de matemática que são abertas, visuais e de piso baixo, teto alto. Essas aulas têm sido extremamente populares entre os professores; já foram feitos aproximadamente 4 milhões de *downloads* e elas são usadas em 20% das escolas em todos os Estados Unidos.

Em nosso extenso trabalho com professores no país, continuamente nos são solicitadas mais tarefas semelhantes àquelas encontradas em nosso *site*. A maioria dos editores de livros didáticos parece ignorar ou não ter conhecimento de pesquisas sobre a aprendizagem da matemática, e a maioria das questões nos livros didáticos é restrita e insuficientemente atrativa para os alunos. É imperativo que os novos conhecimentos sobre a forma como nosso cérebro aprende matemática sejam incorporados às aulas que os alunos recebem. É por essa razão que optamos por escrever uma série de livros que estão organizados em torno de um princípio de engajamento ativo do aluno, que refletem os conhecimentos mais recentes da ciência sobre aprendizagem e incluem atividades que são de piso baixo e teto alto.

CURSO DE FÉRIAS DO YOUCUBED

Recentemente, trouxemos 81 estudantes para o *campus* de Stanford para um curso de férias de matemática do Youcubed, a fim de ensiná-los a maneira como as atividades são apresentadas neste livro. Utilizamos tarefas de matemática abertas, criativas e visuais. Depois de apenas 18 aulas conosco, os alunos melhoraram seu desempenho nos resultados do teste em 50% em média, o equivalente a 1,6 ano escolar. Ainda mais importante, eles mudaram sua relação com a matemática e começaram a acreditar em seu potencial. Isso ocorreu em parte porque conversamos sobre a neurociência, mostrando que:

- não existe o que se chama de uma "pessoa matemática" – qualquer um pode aprender matemática em altos níveis;
- erro, esforço e desafio são essenciais para o desenvolvimento do cérebro;
- velocidade não é importante em matemática;
- a matemática é uma disciplina visual e bonita, e nosso cérebro quer pensar visualmente sobre ela.

Todas essas mensagens foram essenciais para a mudança da relação dos alunos com a matemática, mas igualmente essenciais foram as tarefas nas quais trabalhamos em aula. As atividades e as mensagens sobre o cérebro se complementaram perfeitamente, uma vez que dissemos aos alunos que eles podiam aprender qualquer coisa e lhes mostramos uma matemática aberta, criativa e atraente. Essa abordagem os ajudou a ver que podem aprender matemática, e realmente aprendem. Este livro compartilha os tipos de tarefas que utilizamos em nosso curso de férias, que constituem nossa semana de matemática inspiracional (WIM – *week of inspirational mathematics*) e que postamos em nosso *site*.

Antes de descrever e apresentar as diferentes seções do livro e como estamos escolhendo engajar os alunos, compartilharei algumas ideias importantes sobre como os alunos aprendem matemática.

MEMORIZAÇÃO *VERSUS* ENGAJAMENTO CONCEITUAL

Muitos estudantes têm uma ideia extremamente errada sobre a matemática. Ao longo de anos de aulas de matemática, muitos estudantes passam a acreditar que seu papel na aprendizagem dessa disciplina é memorizar métodos e fatos, e que o sucesso na matemática provém da memorização. Eu afirmo que esta é exatamente a ideia errada porque, na verdade, há muito pouco a ser lembrado. Essa disciplina é composta de poucas ideias fundamentais interligadas, e os alunos que são bem-sucedidos em matemática são aqueles que a veem como um conjunto de ideias sobre as quais precisam pensar profundamente. Os testes do Programa Internacional de Avaliação do Estudante (PISA) são avaliações internacionais de matemática, leitura e ciência que são aplicados a cada três anos. Em 2012, o PISA não somente avaliou o desempenho em matemática, como também coletou dados sobre como os estudantes se aproximam da disciplina. Trabalhei com a equipe do PISA em Paris na Organização para Cooperação e Desenvolvimento Econômico (OCDE), analisando como os estudantes abordam a matemática e sua relação com o desempenho. Dessa análise emergiu um resultado claro: há três abordagens distintas da matemática. Um grupo tentou memorizar os métodos que havia encontrado; outro assumiu uma abordagem "relacional", associando os novos conceitos com os que já conhecia; e um terceiro assumiu uma abordagem de automonitoramento, pensando sobre o que conhecia e o que precisava conhecer.

Em todos os países, os memorizadores eram os estudantes com desempenho mais baixo, e todos os países com altos índices de memorizadores tinham baixo desempenho.

Em nenhum dos países os memorizadores estavam no grupo de desempenho mais alto, e em alguns países de alto desempenho, como o Japão, os estudantes que combinavam automonitoramento e estratégias relacionais superaram os memorizadores no equivalente a mais de um ano de escolaridade. Mais detalhes sobre essa descoberta são apresentados no artigo do qual fui coautora com um analista do PISA para a seção "Mente" da revista *Scientific American*: www.scientificamerican.com/article/why-math-education-in-the-u-s-doesn-t-add-up.

A matemática é uma disciplina conceitual, e é importante que os alunos pensem lenta, profunda e conceitualmente acerca das ideias, sem se apressarem em usar métodos que tentem memorizar. Uma razão pela qual os alunos precisam pensar de modo conceitual está relacionada com as formas como o cérebro processa a matemática. Quando aprendemos novas ideias matemáticas, elas ocupam um grande espaço em nosso cérebro, pois esse órgão elabora onde elas se encaixam e com o que se conectam. Mas, à medida que avançamos em nosso entendimento, o conhecimento é comprimido, ocupando um espaço muito pequeno no cérebro. Para alunos de 1º ano, a ideia de adição ocupa um grande espaço em seu cérebro, já que eles refletem sobre como ela funciona e o que ela significa, mas, para os adultos, tal ideia está comprimida e ocupa um espaço pequeno. Quando adultos precisam somar 2 e 3, por exemplo, eles podem rápida e facilmente mobilizar o conhecimento comprimido. William Thurston (1990), um matemático que recebeu a Medalha Fields – a mais alta honraria em matemática – explica a compressão da seguinte forma:

> A matemática é surpreendentemente compressível: você pode se esforçar por um longo tempo, passo a passo, para elaborar o mesmo processo ou ideia a partir de várias abordagens. Mas, depois que você realmente a compreende e tem a perspectiva mental para vê-la globalmente, em geral ocorre uma extraordinária compressão mental. Você pode arquivá-la, relembrá-la rápida e completamente quando precisar dela, e usá-la como simplesmente uma etapa em algum outro processo mental. O discernimento que acompanha essa compressão é uma das verdadeiras alegrias da matemática.

Você provavelmente concordará comigo que não são muitos os estudantes que pensam na matemática como uma "verdadeira alegria", e parte da razão para isso é que eles não estão comprimindo as ideias em seu cérebro. Isso acontece porque o cérebro só comprime conceitos, não métodos. Portanto, se os alunos estão pensando que a matemática é um conjunto de métodos a serem memorizados, estão no caminho errado, e é essencial que mudemos isso. É muito importante que os alunos pensem profunda e conceitualmente sobre ideias. Fornecemos neste livro as atividades que possibilitarão que eles pensem assim, sendo um papel essencial do professor proporcionar tempo para que possam fazer isso.

PENSAMENTO, RACIOCÍNIO E CONVENCIMENTO MATEMÁTICO

Quando trabalhamos com nossos estudantes no curso do Youcubed, fornecemos a cada um deles diários para registrarem seu pensamento matemático. Sou uma grande fã do registro em um diário – para mim e para meus alunos. Para estudantes de matemática, isso ajuda a lhes mostrar que a matemática é uma disciplina para a qual devemos registrar ideias e imagens. Podemos usar as anotações no diário para encorajá-los a manter registros organizados, o que é outra parte importante da matemática, e ajudá-los a entender que o pensamento matemático pode ser um processo longo e lento. Os diários também proporcionam aos alunos um espaço livre – onde

Figura I.1

podem ser criativos, compartilhar ideias e se apropriar do seu trabalho. Não escrevíamos nos diários dos alunos, pois queríamos que eles os vissem como seu espaço próprio, não como algo em que os professores escrevem. Demos devolutivas aos alunos por meio de adesivos com observações que colávamos em seu trabalho. As imagens na Figura I.1 mostram alguns dos registros matemáticos que os alunos do curso faziam em seus diários.

Outro recurso que sempre compartilho é a codificação por cores – isto é, os alunos usam cores para destacar diferentes ideias. Por exemplo, quando trabalham em uma tarefa de álgebra, eles podem apresentar o x na mesma cor em uma expressão, em um gráfico e em um diagrama, conforme mostra a Figura I.2.

Na adição, a codificação por cores pode ajudar a mostrar os números que foram adicionados (Fig. I.3).

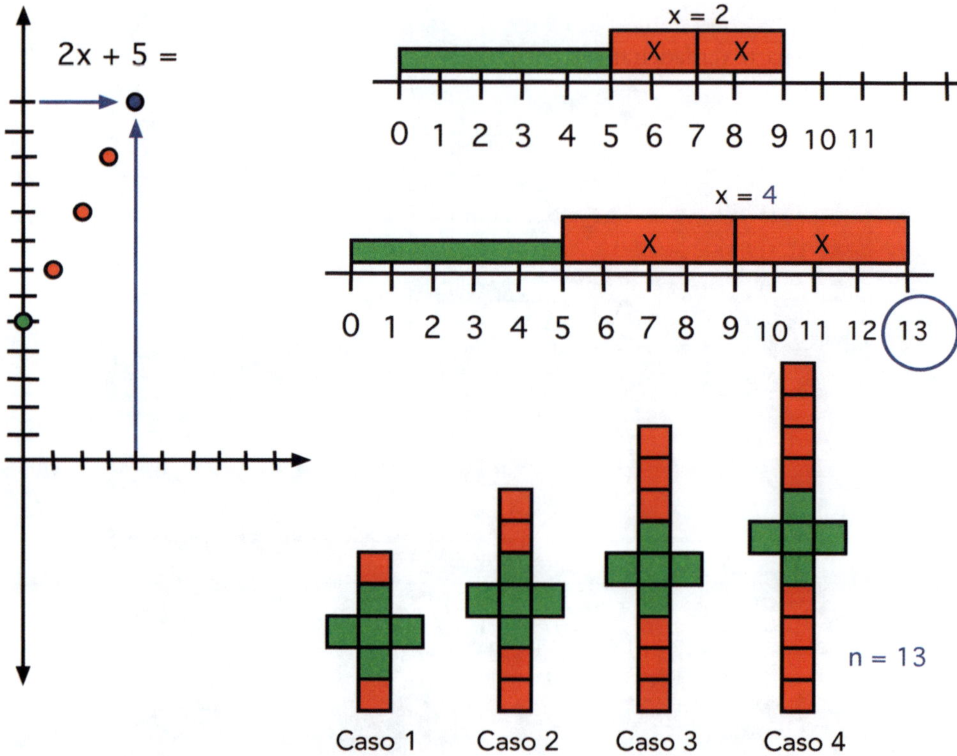

Figura I.2

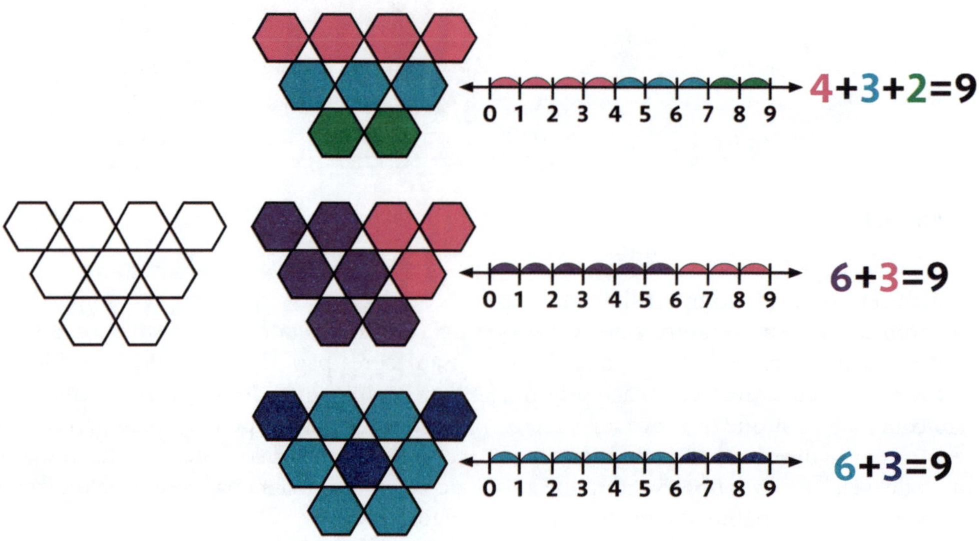

Figura I.3

A codificação por cores destaca as conexões, o que é uma parte verdadeiramente crítica da matemática.

Outra parte importante da matemática é o ato de raciocinar – explicar por que os métodos são escolhidos e como os passos estão interligados, usando a lógica para conectar as ideias. O raciocínio está no cerne da matemática. Os cientistas comprovam ideias encontrando mais casos que se encaixam em uma teoria ou casos contrários que a contradizem, mas os matemáticos comprovam seu trabalho por meio do raciocínio. Se os alunos não estão raciocinando, então não estão verdadeiramente fazendo matemática. Nas atividades dos livros dessa série, sugerimos uma estrutura que encoraja os alunos a serem convincentes quando raciocinam. Dizemos a eles que existem três níveis de convencimento. O primeiro nível, ou o mais fácil, é convencer a si mesmo de alguma coisa. Um nível mais alto é convencer a um amigo. E o nível mais elevado de todos é convencer a um cético. Também compartilhamos com os alunos que eles devem ser céticos uns com os outros, questionando por que aqueles métodos foram escolhidos e como eles funcionam. Descobrimos que essa estrutura é muito poderosa com os estudantes; eles gostam de ser céticos, de impulsionar uns aos outros para níveis mais profundos de raciocínio e isso os encoraja a raciocinar claramente, o que é importante para a sua aprendizagem.

Iniciamos cada livro da nossa série com uma atividade que convida os alunos a raciocinar sobre matemática e a ser convincentes. Encontrei pela primeira vez uma atividade como essa quando li as ideias de ensino de Mark Driscoll em seu livro *Fostering algebraic thinking*.* Achei que aquela era a atividade perfeita para introduzir a abordagem cética que eu havia aprendido com uma professora incrível, Cathy Humphreys. Ela havia aprendido e adaptado a estrutura de dois dos meus professores inspiradores na Inglaterra: o matemático John Mason e o educador matemático Leone Burton. Além de encorajar os alunos a ser convincentes, em inúmeras atividades, pedimos que provem uma ideia. Algumas pessoas imaginam uma prova como um conjunto formal de etapas que aprenderam na aula de geometria. Mas o ato de provar diz respeito, na verdade, à conexão de ideias, e quando os alunos embarcam na jornada de provar, vale a pena comemorar seus passos em direção à prova formal. O matemático Paul Lockhart (2012, p. 8) rejeita a ideia de que provar se trata de seguir um conjunto de passos formais, propondo, em vez disso, que provar é

> arte abstrata, pura e simples. E arte é sempre um esforço. Não existe uma forma sistemática de criar pinturas ou esculturas bonitas e significativas, e também não há nenhum método para a produção de argumentos matemáticos bonitos e significativos.

Em vez de sugerir que os alunos sigam passos formais, nós os convidamos a pensar profundamente sobre conceitos matemáticos e a fazer conexões. Serão apresentadas a eles muitas formas de serem criativos quando provarem e justificarem, e, por razões que discutirei mais adiante, sempre encorajamos e celebramos justificativas visuais, numéricas e algébricas. Idealmente, os alunos criarão representações visuais, numéricas e algébricas e irão conectar suas ideias por meio da codificação por cores e das explicações verbais. Os alunos ficam empolgados ao experimentar a matemática dessa maneira e se beneficiam com a oportunidade de colaborar com suas ideias e criatividade individuais para a solução dos problemas e para o espaço de aprendizagem. À medida que os alunos se desenvolvem em sua compreensão da matemática, podemos encorajá-los a ampliar e a generalizar suas ideias por meio do raciocínio, da justificação e da comprovação. Esse processo aprofunda a sua compreensão e os ajuda a comprimir sua aprendizagem.

* N. de R.T. *Estimulando o pensamento algébrico*, em tradução livre, ainda não publicado em língua portuguesa.

IDEIAS FUNDAMENTAIS

Os livros desta série são organizados em torno de ideias matemáticas fundamentais. A matemática não é um conjunto de métodos, mas sim de ideias conectadas que precisam ser entendidas. Quando os alunos entendem as ideias fundamentais, os métodos e as regras se encaixam perfeitamente. Um dos motivos pelos quais um conjunto de orientações curriculares é falho é que modelos e normas tomam a bela disciplina da matemática, com suas muitas conexões, e a dividem em pequenos pedaços que fazem essas conexões desaparecerem. Em vez de começarmos pelos pequenos pedaços, iniciamos com as ideias fundamentais e as importantes conexões, e listamos habilidades relevantes do Common Core State Standards (CCSS)* que se encontram nas atividades. Elas convidam os alunos a se engajar nas ideias e práticas matemáticas listadas no CCSS. As páginas com atividades para os estudantes estão indicadas com o símbolo e aquelas com atividades para os professores, com .

Embora tenhamos capítulos dedicados a cada ideia fundamental, como se elas fossem separadas umas das outras, todas estão intrinsecamente ligadas. A Figura I.4 mostra algumas das conexões entre as ideias, e você será capaz de encontrar outras tantas. É importante compartilhar com os alunos que a matemática é uma disciplina de conexões e destacá-las enquanto eles trabalham; você pode imprimir as diferentes conexões para os alunos verem enquanto trabalham. Para ver os mapas das ideias fundamentais da educação infantil ao 9º ano, localize o artigo "O que é a beleza matemática" em youcubed.org.

> Em **grupoa.com.br**, acesse a página do livro por meio do campo de busca e clique em *Material Complementar* para baixar as imagens e folhas de atividades para uso em sala de aula.

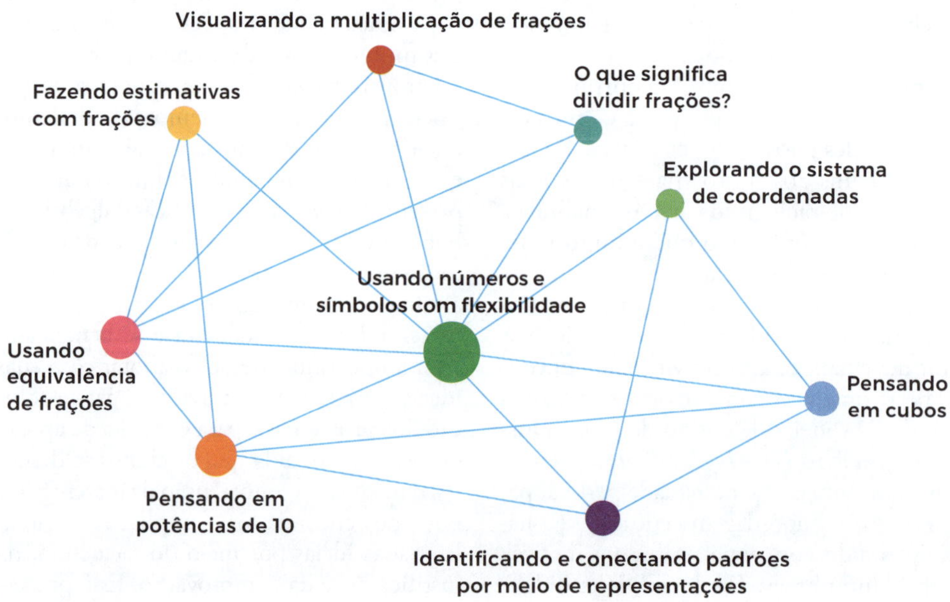

Figura I.4

* N. de R.T. Na tradução desta obra, identificamos habilidades da Base Nacional Comum Curricular (BNCC), documento do Ministério da Educação do Brasil, que se aproximam ou se relacionam com as habilidades do CCSS.

ESTRUTURA DO LIVRO

Visualize. Brinque. Investigue. Essas três palavras fornecem a estrutura para cada livro desta série. Elas também preparam o terreno para o pensamento aberto do aluno, para conexões cerebrais poderosas, para o engajamento e para a compreensão profunda. Como elas fazem isso? E por que este livro é tão diferente de outras obras sobre currículo de matemática?

Visualize

Durante os últimos anos, venho trabalhando com um grupo de neurociência em Stanford, sob a direção de Vinod Menon, que se especializa na aprendizagem da matemática. Temos trabalhado juntos para pensar sobre como as descobertas da neurociência podem ser usadas para auxiliar aqueles que aprendem matemática. Uma das descobertas empolgantes que vêm emergindo nos últimos anos é a importância da visualização para o cérebro e para nossa aprendizagem da matemática. Os neurocientistas sabem agora que, quando trabalhamos em matemática, mesmo quando fazemos um cálculo numérico simples, cinco áreas do cérebro estão envolvidas, conforme apresentado na Figura I.5.

Dois dos cinco caminhos cerebrais – os caminhos dorsal e ventral – são visuais. O caminho visual dorsal é a principal região do cérebro para representação da quantidade. Isso pode parecer surpreendente, já que tantos de nós passamos centenas de horas nas aulas de matemática trabalhando com números, raramente nos envolvendo visualmente com a matemática. Agora os neurocientistas sabem que nossos cérebros "veem" dedos quando calculamos, e conhecer bem os dedos – o que eles chamam de percepção dos dedos – é essencial para o desenvolvimento da compreensão de um número. Se você deseja ler mais a respeito da importância do trabalho com os dedos em matemática, examine a seção de matemática visual do youcubed.org. Retas numéricas são muito úteis, pois fornecem ao cérebro uma re-

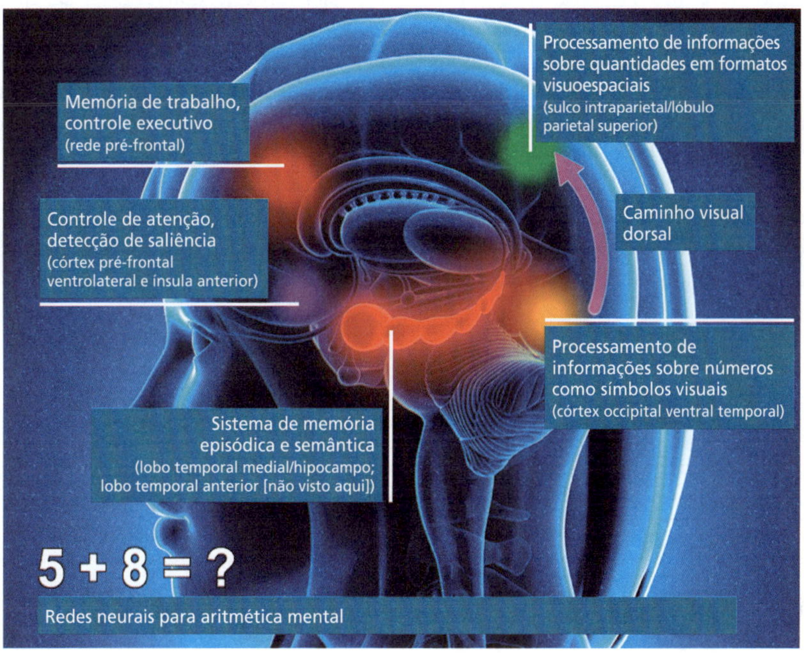

Figura I.5

presentação visual da ordem numérica. Em um estudo, quatro sessões de apenas 15 minutos com alunos jogando com uma reta numérica eliminaram completamente as diferenças entre estudantes de baixa renda e de classe média que estavam ingressando na escola (SIEGLER; RAMANI, 2008).

Nosso cérebro quer pensar visualmente sobre matemática, embora poucos materiais curriculares engajem os alunos no pensamento visual. Alguns livros de matemática apresentam figuras, mas raramente convidam os alunos a fazer sua própria visualização e a desenhar. As pesquisas dos neurocientistas mostram a importância não só do pensamento visual, mas também da conexão que os alunos fazem com as diferentes áreas do seu cérebro enquanto trabalham em matemática. Os cientistas sabem agora que, à medida que as crianças aprendem e se desenvolvem, elas aumentam as conexões entre as diferentes partes do cérebro e, em particular, desenvolvem conexões entre as representações simbólicas e visuais dos números. O crescimento no desempenho matemático ocorre quando os alunos estão desenvolvendo essas conexões. Durante muito tempo, nossa ênfase no ensino da matemática foi nas representações simbólicas dos números, com os alunos desenvolvendo uma área do cérebro relacionada a isso. Uma abordagem mais produtiva e envolvente é desenvolver todas as áreas do cérebro que estão ligadas ao pensamento matemático, e as conexões visuais são fundamentais para esse desenvolvimento.

Além do desenvolvimento do cérebro que ocorre quando estudantes pensam visualmente, temos detectado que as atividades visuais são realmente motivadoras para eles. Mesmo aqueles que acham que não são "aprendizes visuais" (uma ideia incorreta) ficam fascinados e pensam profundamente sobre a matemática que é apresentada visualmente – como as representações visuais do cálculo 18 x 5 apresentado na Figura I.6.

Em nosso curso de férias de verão para estudantes de 6º e 7º anos e em nossos ensaios com materiais de ensino WIM para o Youcubed, descobrimos que os alunos são inspirados pela criatividade que se torna possível quando a matemática é visual. Certo dia, quando estávamos testando os materiais em uma escola local de anos finais do ensino fundamental, uma mãe me parou e perguntou o que estávamos fazendo. Ela contou que sua filha sempre dizia que detestava matemática e não conseguia fazer contas, mas depois de trabalhar em nossas tarefas, chegou em casa dizendo que conseguia ver um futuro para si na disciplina. Nós vínhamos trabalhando nas representações visuais numéricas que usamos em todos esses materiais de ensino, mostrados na Figura I.7.

A mãe relatou que, quando sua filha viu a criatividade possível na matemática, tudo mudou para ela. Acredito fortemente que podemos proporcionar esse discernimento e inspiração para mais estudantes com o tipo de tarefas matemáticas criativas e abertas que fazem parte deste livro.

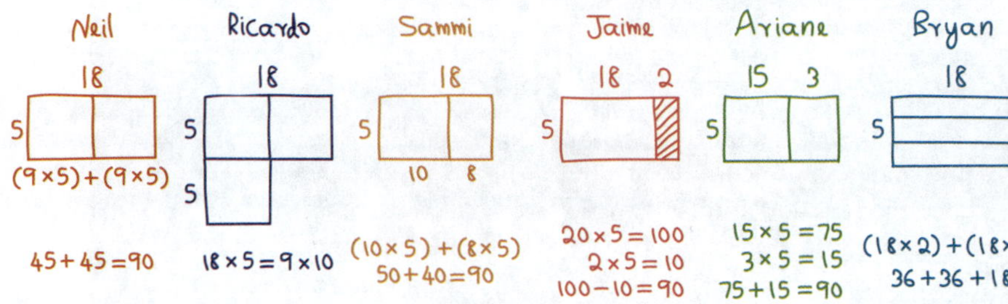

Figura I.6

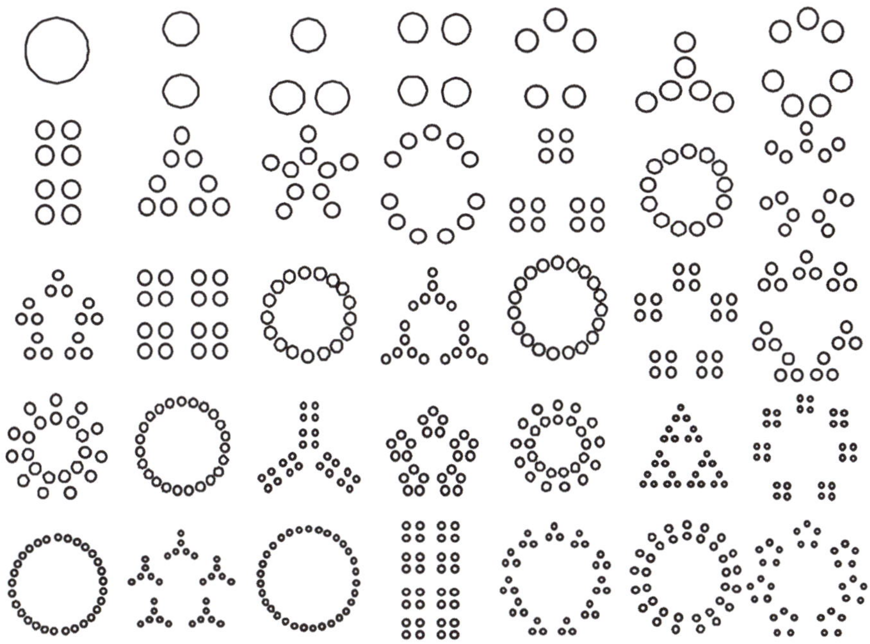

Figura I.7

Também descobrimos que, quando apresentamos atividades visuais aos estudantes, as diferenças de *status* social que frequentemente atrapalham o bom ensino da matemática desaparecem. Recentemente, eu estava visitando uma sala de aula do 1º ano, e o professor havia organizado quatro estações de aprendizagem diferentes na sala. Em todas elas, os alunos estavam trabalhando em aritmética. Em uma delas, o professor envolveu os alunos em uma pequena Conversa Numérica;* em outra, um professor assistente trabalhava em uma atividade com moedas; na terceira, os alunos jogavam um jogo de tabuleiro; e, na quarta, eles trabalhavam em uma folha de atividades com números. Em cada uma das três primeiras estações, os alunos colaboravam e trabalhavam muito bem, mas assim que eles foram para a estação com a folha de atividades, as conversas mudaram, e em cada grupo escutei frases do tipo "Isto é fácil", "Já terminei", "Não consigo fazer isto" e "Você ainda não terminou?". Esses comentários são inconvenientes e incômodos para muitos alunos. Atualmente, procuro apresentar tarefas sem números com a maior frequência possível, ou retiro a parte dos cálculos, pois são os aspectos numéricos e de cálculos que frequentemente fazem os alunos se sentirem menos seguros de si. Isso não significa que eles não possam ter uma relação maravilhosa e produtiva com os números, como esperamos promover neste livro, mas algumas vezes é possível chegar à principal ideia matemática sem absolutamente qualquer número.

Quase todas as tarefas em nosso livro convidam o aluno a pensar visualmente sobre a matemática e a conectar as representações visuais e numéricas. Isso promove importantes conexões cerebrais, além do envolvimento profundo do aluno.

* N. de R.T. Para saber mais sobre Conversas Numéricas, consulte o livro *Conversas numéricas*, de Cathy Humphreys e Ruth Parker, publicado pela Penso.

Brinque

Segundo meu ponto de vista, o segredo para a redução das diferenças de *status* nas salas de aula de matemática provém da *abertura* da matemática. Quando ensinamos aos alunos que podemos ver ou abordar uma ideia matemática de diferentes maneiras, eles começam a respeitar as diferentes formas de pensar de todos os colegas. A abertura da matemática envolve convidar os estudantes a ver as ideias de formas diferentes, a explorar as ideias e a fazer suas próprias perguntas. Os alunos podem ter acesso às mesmas ideias e aos mesmos métodos matemáticos por meio da criatividade e da exploração quando lhes são ensinados métodos que podem praticar. Além de reduzir ou eliminar as diferenças de *status*, a matemática aberta é mais envolvente para os alunos. É por isso que estamos convidando os alunos, por meio destes materiais, a brincar com a matemática. Albert Einstein, em sua famosa frase, disse: "Brincar é a mais elevada forma de pesquisa". É por isso que brincar é uma oportunidade para que ideias sejam usadas e desenvolvidas a serviço de algo prazeroso. Nas atividades **Brinque**, os alunos são convidados a trabalhar com uma ideia importante em um espaço livre em que podem desfrutar da liberdade do jogo matemático. Isso não significa que as atividades não ensinam conteúdos e práticas matemáticas essenciais – elas fazem isso, já que convidam os alunos a trabalhar com ideias. Idealizamos as atividades **Brinque** para minimizar a competição e, em vez disso, convidar os alunos a trabalhar em cooperação, construindo a compreensão juntos.

Investigue

As atividades **Investigue** acrescentam algo muito importante: oferecem aos alunos oportunidades de dar asas às ideias. Também têm um elemento lúdico, mas a diferença é que propõem questões que os alunos podem explorar e levar até níveis muito altos. Conforme mencionado anteriormente, todas as tarefas são planejadas para serem o máximo possível de piso baixo e teto alto, pois isso proporciona as melhores condições para engajar todos os alunos, seja qual for seu conhecimento prévio. Qualquer aluno pode ter acesso a elas, e pode levar as ideias até níveis muito altos. Devemos sempre estar abertos a ser surpreendidos pelo que nossos aprendizes são capazes de fazer, sempre lhes proporcionando oportunidades de levar o trabalho até desafios de alto nível.

Uma descoberta crucial da neurociência é a importância de os alunos se esforçarem e cometerem erros – são esses os momentos em que os cérebros mais crescem. Em um de meus encontros com um destacado cientista, ele afirmou muito claramente: se os alunos não estiverem se esforçando, não estão aprendendo. Desejamos colocá-los em situações em que sintam que o trabalho é árduo, mas que está ao seu alcance. Não se preocupe se eles fizerem perguntas que você não sabe responder; isso é bom. Uma das ideias prejudiciais que professores e alunos compartilham na educação é que os professores de matemática sabem tudo. Isso dá aos alunos a ideia de que "pessoas matemáticas" são aquelas que sabem muito e nunca cometem erros, o que é uma mensagem incorreta e nociva. É bom dizer aos seus alunos: "Essa é uma boa pergunta sobre a qual todos nós podemos pensar" ou "Nunca pensei sobre essa ideia; vamos investigá-la juntos". É bom até mesmo cometer erros na frente dos alunos, pois isso lhes mostra que os erros são uma parte importante do trabalho matemático. Enquanto investigam, eles devem ir a lugares sobre os quais você nunca pensou – levando as ideias em novas direções e explorando um território desconhecido. Seja um modelo para os alunos do que significa ser um aprendiz curioso da matemática, sempre aberto a aprender novas ideias e a ser desafiado.

* * *

Elaboramos atividades que duram no mínimo um período de aula, mas algumas delas podem ser mais demoradas, especialmente se os alunos fizerem perguntas profundas ou iniciarem uma investigação de uma ideia empolgante. Se puder ser flexível quanto ao tempo nas atividades, será ótimo, ou você pode sugerir que eles continuem as tarefas em casa. Quando aplicamos essas atividades, descobrimos que os alunos ficam tão entusiasmados pelas ideias que as levam para casa para compartilhar com suas famílias e continuam trabalhando nelas, o que é maravilhoso. Incentive o pensamento profundo, e não a velocidade, já que essa é a natureza do verdadeiro pensamento matemático. Peça que os alunos elaborem representações criativas de suas ideias; valorize seus desenhos, modelos e qualquer forma de criatividade. Convide-os para uma jornada de curiosidade matemática e embarque nela com eles, caminhando ao seu lado enquanto vivenciam a maravilha da mentalidade aberta da matemática.

REFERÊNCIAS

LOCKHART, P. *Measurement*. Cambridge: Harvard University Press, 2012.

SIEGLER, R. S.; RAMANI, G. B. Playing linear numerical board games promotes low income children's numerical development. *Developmental Science*, v. 11, n. 5, p. 655-661, 2008.

THURSTON, W. Mathematical education. *Notices of the American Mathematical Society*, v. 37, n. 7, p. 844-850, 1990.

ATIVIDADES PARA CONSTRUIR NORMAS

ENCORAJANDO O BOM TRABALHO EM GRUPO

Sempre usamos esta atividade antes que os alunos trabalhem juntos em matemática, pois isso ajuda a melhorar as interações no grupo. Os professores que já a experimentaram ficaram satisfeitos com as respostas reflexivas dos estudantes e consideraram úteis seus pensamentos e palavras para a criação de um ambiente positivo e apoiador. A primeira coisa a fazer é pedir que os alunos reflitam em grupo sobre coisas que não gostam que as pessoas digam ou façam quando estão trabalhando juntos em matemática. Os alunos elaboram algumas ideias muito importantes, como o fato de não gostarem que as pessoas deem logo a resposta, se apressem no trabalho ou ignorem as ideias dos outros. Depois que tiverem tempo suficiente para o *brainstorm** em grupo, colete as ideias. Em geral, fazemos isso confeccionando uma lista ou cartaz "Do que não gostamos" e pedindo que cada grupo contribua com uma ideia, circulando pela sala até que algumas ideias tenham sido compartilhadas (geralmente 10). A seguir, fazemos o mesmo para a lista ou cartaz "Do que gostamos". Pode ser interessante apresentar à turma os cartazes finais com as normas acordadas em sala de aula sobre as quais você e eles podem refletir durante o ano. Se algum aluno compartilhar um comentário negativo, como "Eu não gosto de esperar pelas pessoas lentas", não coloque isso no cartaz; em vez disso, use esse comentário como uma oportunidade para discutir a questão. Isso raramente acontece, e os alunos em geral são muito ponderados e respeitosos com as ideias que compartilham.

Atividade	Tempo	Descrição/Estímulo	Materiais
Abertura	5 min	Explique aos alunos que o trabalho em grupo é uma parte importante do que os matemáticos fazem. Eles discutem suas ideias e trabalham em conjunto para resolver problemas desafiadores. É importante trabalhar em conjunto, e precisamos discutir o que nos ajuda a trabalhar bem dessa forma.	
Explore	10 min	Designe um facilitador para o grupo a fim de assegurar que todos os alunos consigam compartilhar seus pensamentos sobre os pontos 1 e 2. Os grupos devem registrar as ideias de todos os seus membros e depois decidir quais delas serão compartilhadas durante a discussão com toda a turma. Em seus grupos: 1. Reflitam sobre as coisas que vocês não gostam que as pessoas digam ou façam quando estão trabalhando em matemática em um grupo. 2. Reflitam sobre as coisas que vocês gostam que as pessoas digam ou façam quando estão trabalhando em matemática em um grupo.	• Papel. • Lápis ou caneta.
Discuta	10 min	Peça que cada grupo compartilhe seus resultados. Organize as respostas e faça um cartaz para que as ideias dos alunos sejam visíveis e vocês possam consultá-las durante a aula.	• Duas ou quatro folhas de papel grande (cartolina ou papel pardo) para coletar as ideias dos alunos.

* N. de R.T. Tempestade de ideias.

DOBRADURA DE PAPÉIS: APRENDENDO A RACIOCINAR, A CONVENCER E A SER CÉTICO

Conexão com a BNCC*

EF04MA18, EF05MA17, EF06MA19, EF06MA20**

Um dos tópicos mais importantes em matemática é o raciocínio. Enquanto os cientistas provam e refutam ideias por meio da descoberta de casos, os matemáticos provam suas ideias raciocinando – fazendo conexões lógicas entre as ideias. Esta atividade dá aos estudantes uma oportunidade de aprender a raciocinar bem ao terem de convencer pessoas céticas.

Antes de iniciar a atividade, explique aos alunos que o seu papel é serem convincentes. A pessoa mais fácil de convencer é a si mesmo. Um nível acima de convencimento é convencer a um amigo, e o nível mais alto é convencer a um cético. Nesta atividade, os alunos aprendem a raciocinar até o ponto em que consigam convencer a um cético. Eles devem trabalhar em pares, revezando-se nos papéis de convencedor e de cético.

Dê a cada aluno uma folha de papel quadrada. Se você tem papel A4, pode lhes pedir que façam o quadrado primeiro.

O desafio inicial é um dos alunos dobrar o papel para formar um triângulo escaleno que não inclua nenhuma das bordas do papel. Ele deve convencer seu colega de que aquilo é um triângulo escaleno, usando o que sabe sobre o assunto para ser convincente. O colega cético deve fazer muitas perguntas, do tipo: "Como você sabe que os lados têm comprimentos diferentes?", e não aceitar porque apenas parecem ser diferentes.

Os colegas devem, então, inverter os papéis, e o outro aluno dobrar o papel formando um trapézio que não inclua nenhuma das suas bordas. Seu colega deve ser cético e forçar níveis mais altos de raciocínio.

A seguir, os parceiros devem trocar os papéis novamente, e o desafio é dobrar o papel para formar um losango, mais uma vez não usando as bordas do papel.

O quarto desafio é fazer um losango diferente do anterior. Para cada desafio, os parceiros devem raciocinar e ser céticos.

Quando a tarefa estiver concluída, facilite uma discussão com toda a turma na qual os alunos debatem as questões a seguir.

- Qual foi a tarefa mais desafiadora? Por quê?
- O que foi difícil quando você teve que raciocinar e ser convincente?
- O que foi difícil quando você teve que ser cético?

* N. de R.T. No original, conexão com o CCSS: 5.G.3 – Compreender que os atributos pertencentes a uma categoria de figuras planas também pertencem a todas as subcategorias dessa categoria. Por exemplo, todos os retângulos têm quatro ângulos retos e os quadrados são retângulos, portanto, todos os quadrados têm quatro ângulos retos; 5.G.4 – Classificar figuras planas de acordo com suas propriedades.

** N. de R.T. No Anexo, veja os textos dos códigos da BNCC.

Atividade	Tempo	Descrição/Estímulo	Materiais
Abertura	5 min	Diga aos alunos que o papel deles naquele dia é ser convincente e cético. Peça que dobrem uma folha de papel formando um triângulo escaleno. Escolha um dos alunos e demonstre como ser cético.	
Explore	10 min	Mostre a tarefa aos alunos e explique que, em cada rodada, eles deverão resolver o problema da dobradura. Em pares, os alunos se revezam dobrando, raciocinando e sendo céticos. Depois que os alunos se convencem de que resolveram cada problema, eles trocam de papéis e dobram o desafio seguinte. Dê aos alunos uma folha de papel quadrada ou peça que iniciem fazendo um quadrado. Os desafios de convencimento são os seguintes: 1. Dobre sua folha de papel formando um triângulo escaleno que não inclua as bordas do papel. 2. Dobre sua folha de papel formando um trapézio que não inclua as bordas do papel. 3. Dobre sua folha de papel formando um losango que não inclua as bordas do papel. 4. Dobre sua folha de papel formando um losango diferente do anterior que não inclua as bordas do papel.	• Uma folha de papel A4 por aluno. • Folha da atividade Dobradura de papéis: aprendendo a raciocinar, a convencer e a ser cético, uma por aluno.
Discuta	10 min	Discuta a atividade com toda a turma. Assegure-se de discutir os papéis do convencedor e do cético.	

DOBRADURA DE PAPÉIS: APRENDENDO A RACIOCINAR, A CONVENCER E A SER CÉTICO

1. Dobre sua folha de papel formando um triângulo escaleno que não inclua as bordas do papel. Convença um cético de que isso é um triângulo escaleno.

   Reflexão:

   Troquem os papéis.

2. Dobre sua folha de papel formando um trapézio que não inclua as bordas do papel. Convença um cético de que isso é um trapézio.

   Reflexão:

   Troquem os papéis.

3. Dobre sua folha de papel formando um losango que não inclua as bordas do papel. Convença um cético de que isso é um losango.

   Reflexão:

   Troquem os papéis.

4. Dobre sua folha de papel formando um losango diferente que não inclua as bordas do papel. Convença um cético de que isso é um losango.

   Reflexão:

   Troquem os papéis.

PENSANDO EM CUBOS

A nova ciência da mente mostra que cinco diferentes caminhos neurais estão envolvidos quando as pessoas pensam sobre ideias matemáticas, e dois deles são visuais. Quando tornamos a matemática visual para os alunos, os ajudamos a aprender e a ter ideias poderosas em seus cérebros, como explica a Introdução deste livro. Do mesmo modo, sabemos agora que o movimento realmente estimula ideias matemáticas e é importante para o desenvolvimento do cérebro. Quando os alunos se movimentam ao realizarem atividades matemáticas, as ideias se manifestam nas regiões sensório-motoras do cérebro, o que os ajuda a entendê-las de forma marcante. Vemos evidências de pessoas tendo ideias matemáticas nessas partes do cérebro quando fazem gestos para ilustrar uma ideia; ao falar sobre círculos, por exemplo, as pessoas costumam desenhar um círculo no ar. Esta ideia fundamental proporciona aos alunos a oportunidade de explorar e vivenciar ideias matemáticas, o que é relevante para estudantes de qualquer idade.

Na atividade **Visualize**, os alunos construirão estruturas com cubos e farão conexões entre representações bidimensionais e tridimensionais de sólidos. Eles serão incentivados a pensar sobre as partes externa e interna dos cubos, um pensamento geométrico importante. Enquanto demonstram fisicamente e desenham, construirão conexões cerebrais significativas.

Na atividade **Brinque**, os alunos construirão cidades de cubos que correspondem às vistas apresentadas, mais uma vez usando caminhos cerebrais que desenvolverão o pensamento matemático. Eles também construirão suas próprias cidades, o que será envolvente e interessante, reforçando o potencial de aprendizagem das atividades. À medida que os alunos pensam visualmente e introduzem o pensamento numérico, seus cérebros desenvolvem caminhos neurais entre as áreas que são usadas para esses diferentes tipos de pensamento.

Na atividade **Investigue**, os alunos mais uma vez terão a oportunidade de explorar os cubos e estudar suas dimensões fisicamente e com números, encorajando conexões cerebrais. Eles também trabalharão com algumas restrições que guiarão seu pensamento e aprendizagem. Os alunos serão convidados a investigar o volume de sólidos retangulares acondicionando caixas pequenas dentro de caixas maiores. Sempre que forem solicitados a expor suas próprias ideias em relação à matemática, como quando fazem seus próprios projetos, eles estarão trabalhando com agência,* o que irá ajudá-los a ter prazer com a matemática e também a vê-la como uma disciplina ativa sobre a qual devem pensar profundamente. Quando os alunos trabalham com agência, de certa forma se aproximam do trabalho de um matemático, e convidá-los a combinar suas próprias ideias com as ideias da matemática formal é um objetivo importante. As atividades que compõem esta ideia fundamental oferecem inúmeras oportunidades para os alunos combinarem seu próprio pensamento com ideias e princípios matemáticos importantes.

Jo Boaler

* N. de R.T. Albert Bandura, psicólogo canadense, apresenta o conceito de agência humana em sua teoria social cognitiva. Para Bandura (2008), as pessoas são agentes da própria vida, capazes de gerenciar suas ações exercendo autorregulação, autoreflexão, auto-organização e ação proativa.

SÓLIDOS, POR DENTRO E POR FORA

Visão geral

Os alunos constroem conexões entre representações bidimensionais e tridimensionais de sólidos usando as vistas de um sólido retangular para construir um modelo com cubos. Eles investigam como é a parte interna do modelo e comparam os resultados.

Conexão com a BNCC*

EF05MA21

Planejamento

Atividade	Tempo	Descrição/Estímulo	Materiais
Abertura	5 min	Mostre aos alunos as 2 vistas de um sólido retangular construído com 60 cubos. Desafie os alunos a construir esse sólido.	• Folha da atividade Sólidos retangulares, para mostrar para a turma.
Explore	30 min	Os grupos tentam construir o modelo de um sólido retangular de modo que corresponda às vistas apresentadas. Os alunos, então, avaliam como é a parte interna e descobrem como construir e desenhar um modelo dos cubos que não podem ser vistos na estrutura que montaram.	• Folha da atividade Sólidos retangulares, uma por dupla. • Cubos de encaixe para cada dupla: vermelhos, verdes, amarelos e azuis, 15 de cada cor. • Folha da atividade Desenhando sólidos, uma por dupla.
Discuta	20 min	Os alunos comparam os resultados e discutem como usaram as vistas para construir o sólido. Eles discutem as diferenças observadas entre as partes internas de seus modelos.	
Amplie	30-60 min	Os grupos constroem seus próprios quebra-cabeças de um sólido retangular e trocam com os colegas para que sejam construídos.	• Folha da atividade Desenhando sólidos, no mínimo uma por grupo. • Cubos. • Lápis de cor. • Cestos, bandejas ou bolsas para os quebra-cabeças dos alunos.

Para o professor

Os alunos costumam encontrar dificuldades quando lidam com representações bidimensionais de objetos sólidos, como os apresentados na Figura 1.1, e com representações tridimensionais. Desenhos bidimensionais de sólidos nos forçam a imaginar as partes que não conseguimos ver, e os alunos precisam de experiências em que fazem, mentalmente, uma rotação da imagem para tentar imaginar as partes invisíveis. Igualmente,

* N. de R.T. No original, conexão com o CCSS: 5.MD.3 – Reconhecer volume como atributo de sólidos e compreender conceitos de medição de volume; 5.MD.4 – Medir volumes contando unidades cúbicas, usando centímetros cúbicos, polegadas cúbicas, pés cúbicos e unidades não padronizadas.

Figura 1.1 Quatro vistas conforme apresentado na folha da atividade Sólidos retangulares.

com frequência encontramos múltiplas vistas de objetos tridimensionais com o objetivo de nos ajudar a interpretar o que uma única vista não nos permite. Esses objetos apresentam um desafio diferente: construir o todo tridimensional a partir das partes. Nesta atividade visual, os alunos são solicitados a transitar repetidamente entre representações bidimensionais e tridimensionais para construir conexões e uma noção mais profunda do que significa uma forma sólida.

A atividade de extensão impulsiona ainda mais as conexões ao pedir que os alunos criem e desenhem seus próprios sólidos e depois tentem construir sólidos projetados pelos colegas. Essa atividade pode facilmente ocupar um dia inteiro ou até mais, dependendo do entusiasmo dos alunos. Eles podem querer construir muitos quebra-cabeças e também resolver vários outros. Encorajamos você a acompanhar o interesse dos alunos e destinar a eles o tempo que desejarem para construir o quebra-cabeça. O engajamento repetido na construção, no desenho e na manipulação mental dos sólidos ajudará a desenvolver importantes formas de pensamento sobre sólidos e volume para trabalhos futuros.

ATIVIDADE

Abertura

Inicie a atividade dizendo aos alunos que exploraremos formas de preencher o espaço. No passado, eles provavelmente passaram muito tempo pensando sobre como cobrir formas bidimensionais com quadrados para encontrar a área de alguma região plana, mas agora pensaremos em como um sólido pode ser formado por cubos. Mostre as vistas apresentadas na folha da atividade Sólidos retangulares, apresentada na Figura 1.1, e comente que todas as imagens são do mesmo sólido retangular, e que cada imagem é considerada uma *vista*. Diga a eles que o sólido é formado por 60 blocos cúbicos: 15 vermelhos, 15 verdes, 15 amarelos e 15 azuis, e que o desafio será construí-lo. Cada dupla receberá uma cópia das vistas e blocos suficientes para construir o sólido. Se você não conseguir copiar a folha da atividade Sólidos retangulares em cores para entregar aos alunos, sugerimos que exiba as imagens coloridas usando um projetor e peça aos alunos para colorirem a versão deles. Colorir algumas faces dos cubos também pode ajudá-los a prestar atenção à sua própria organização em cada face e apoiá-los na construção do sólido.

Explore

Os alunos devem trabalhar em parceria. Forneça a cada dupla cubos de encaixe, 15 vermelhos, 15 verdes, 15 amarelos e 15 azuis, e uma cópia da folha da atividade Sólidos retangulares. As duplas tentam construir o sólido retangular de modo que ele corresponda às vistas.

Depois de construir o sólido que corresponde às vistas e usar os 60 cubos, desafie-os a descobrir quais cubos estão na parte interna. Pergunte: "Quais cubos não conseguimos ver? Vocês conseguem fazer um modelo do que está no interior do sólido?". Forneça às duplas cubos adicionais e uma cópia da folha da atividade Desenhando sólidos e peça que construam um modelo e desenhem uma imagem do que está no interior da estrutura de cubos que construíram.

Discuta

Reúna os alunos com os modelos do sólido retangular, os modelos da parte interna e os desenhos da parte interna. Organize-os em duplas para compartilharem seus dois modelos e desenhos, como em um bate-papo. A seguir, reúna todos os alunos para discutir as seguintes questões:

- Como vocês descobriram como construir o sólido?
- Como vocês usaram as vistas para ajudá-los?
- O que foi difícil na tarefa de construir o sólido retangular para que ele combinasse com as vistas que vocês receberam?
- O que vocês notaram quando compararam seus modelos com os dos colegas?

A seguir, discuta os modelos da parte interna do sólido:

- Como era formada a parte interna do sólido? Como vocês descobriram?
- Em que aspectos as partes internas dos sólidos construídos são semelhantes? E diferentes? Por quê?

Amplie

Convide os alunos a criar um quebra-cabeça de um sólido retangular para que outra dupla o resolva. Forneça cópias adicionais da folha da atividade Desenhando sólidos, lápis de cor e um recipiente para o quebra-cabeça. Inicialmente, eles devem usar qualquer quantidade de cubos para construir um sólido retangular. Depois, devem usar o próprio sólido para construir múltiplas vistas em uma cópia da folha da atividade Desenhando sólidos. Incentive-os a refletir com cuidado sobre as vistas que irão apresentar para que sejam desafiadoras, mas que permitam a construção do sólido. Depois que estiverem confiantes de que suas vistas estão corretas, peça que desmontem o sólido e coloquem as vistas e os cubos em um recipiente (cesta, bandeja ou bolsa). Você pode pedir aos alunos que atribuam um nome ao quebra-cabeça ou o identifique com seus próprios nomes. A seguir, eles podem trocar entre si os quebra-cabeças para que um aluno tente construir o sólido projetado pelo outro. Depois de passar algum tempo explorando os quebra-cabeças uns dos outros, você pode reunir os alunos novamente para discutir questões como estas:

- O que determina um bom quebra-cabeça?
- O que facilitou ou dificultou mais a solução de um quebra-cabeça de sólido retangular?
- Que estratégias vocês criaram para construir esses quebra-cabeças?

Fique atento*

- **Os alunos estão criando um sólido?** Eles podem ficar tentados a construir apenas o que veem nas vistas e presumir que não há absolutamente nada no interior do sólido. Desafie aqueles que tiveram sobras de cubos perguntando: o seu sólido foi construído com 60 cubos? Por que não? Ele combina com as vistas que vocês receberam? Como vocês podem fazer o seu sólido atender às exigências do problema?
- **Como os alunos estão visualizando as imagens mentalmente?** Eles podem ter dificuldade em visualizar mentalmente as vistas apresentadas e não conseguir descobrir como as peças se encaixam. Frequentemente os alunos não percebem que girar o papel pode ajudá-los a ver as imagens de forma diferente. Alguns podem ficar tensos diante das imagens e não saber por onde começar. Você pode estimulá-los perguntando: alguma das imagens faz sentido para vocês? Como poderiam começar por essa imagem e depois ver como ela se encaixa nas outras? O que poderiam fazer com o papel para ajudar a ver como as peças se encaixam?
- **Como os alunos estão interpretando as imagens?** Desenhar um objeto tridimensional em uma folha bidimensional é um desafio. Se os alunos ainda não tiveram experiência com papel (malha) pontilhado (1cm × 1cm) (veja o Apêndice), você pode pedir a eles que primeiro tentem desenhar somente um único cubo, apenas para explorar o papel pontilhado. Você também pode pedir que reflitam sobre as vistas que receberam e sobre como poderiam usá-las como modelos.

Reflita

O que lhe surpreendeu em relação à construção de sólidos retangulares a partir de cubos e vistas?

* N. de R.T. Esta seção do planejamento da atividade apresenta perguntas que podem auxiliar o professor no processo de avaliação da aprendizagem dos alunos.

FOLHA DA ATIVIDADE SÓLIDOS RETANGULARES

Use 15 cubos amarelos, 15 vermelhos, 15 azuis e 15 verdes para construir um sólido retangular.

Parte de cima

Parte de trás

Vista 1

Vista 2

FOLHA DA ATIVIDADE DESENHANDO SÓLIDOS

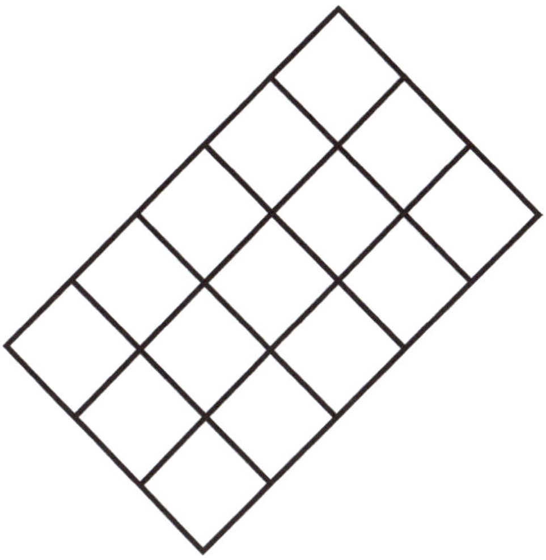

Parte de cima

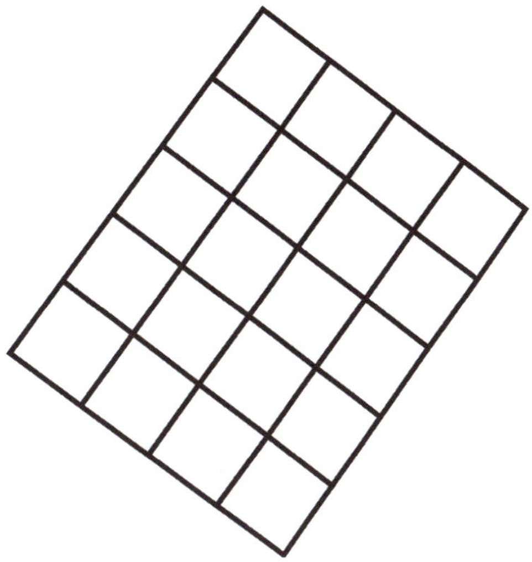

Parte de trás

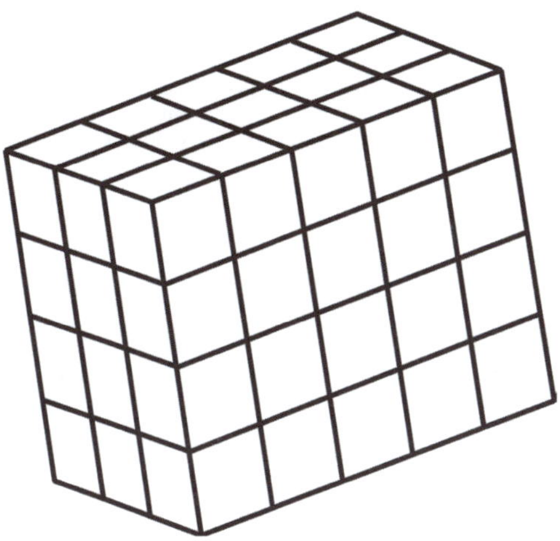

Vista 1

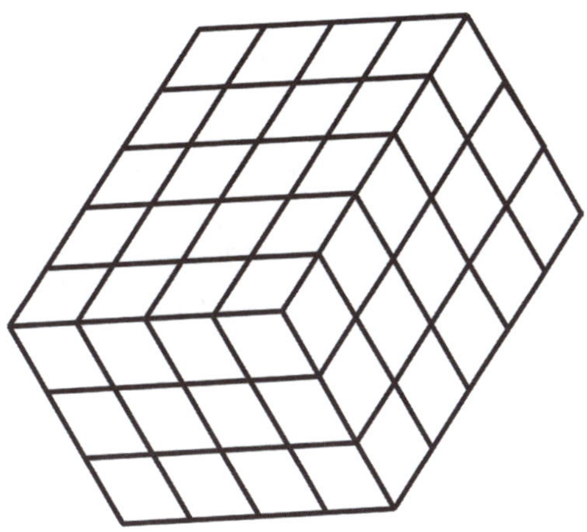

Vista 2

CIDADE DE CUBOS

Visão geral

Os alunos usam múltiplas vistas das torres de blocos para construir cidades formadas por cubos que combinem com essas vistas. Aprendem que o número de cubos usados para construir a cidade é o volume dela e constroem seus próprios quebra-cabeças da cidade de cubos. Além disso, a atividade serve de apoio para aprender como representar figuras tridimensionais complexas no papel e interpretar essas representações.

Conexão com a BNCC*

EF05MA21, EF06MA24

Planejamento

Atividade	Tempo	Descrição/Estímulo	Materiais
Abertura	5-10 min	Mostre aos alunos exemplos de imagens arquitetônicas e discuta o que elas comunicam. Mostre visões similares de um quebra-cabeça Cidade de cubos e certifique-se de que eles entendam o que é mostrado.	• Folhas da atividade Desenho arquitetônico. • Vistas da primeira folha da atividade Cidade de cubos.
Brinque	30+ min	Os alunos trabalham em duplas para tentar construir os quebra-cabeças Cidade de cubos a partir de diferentes conjuntos de vistas. Exploram se é possível construir mais de uma cidade e quantos cubos seriam necessários em cada caso.	• As três folhas da atividade do quebra-cabeça Cidade de cubos. • Cubos de encaixe, em múltiplas cores, para todas as duplas. • Papel pontilhado.
Discuta	15 min	Discuta as estratégias que os alunos usaram para resolver os quebra-cabeças e as inúmeras soluções possíveis que desenvolveram.	• Quebra-cabeças Cidade de cubos construídos pelos alunos.
Brinque	30+ min	As duplas trabalham para planejar seus próprios quebra-cabeças Cidade de cubos. Depois, trocam e resolvem os quebra-cabeças uns dos outros e oferecem *feedback* para melhorar os quebra-cabeças.	• Cubos de encaixe, em múltiplas cores, para todas as duplas. • Papel pontilhado. • Lápis de cor.
Discuta	15 min	Discuta os desafios de criar esses quebra-cabeças e o que os alunos aprenderam com as resoluções, compartilhamento e na troca de *feedback*.	

* N. de R.T. No original, conexão com o CCSS: 5.MD.3 e 5.MD.4 (ver nota na página 20); 5.MD.5c – Reconhecer volume por composição. Determinar volumes de sólidos compostos de dois prismas retangulares retos não sobrepostos, adicionando os volumes das partes não sobrepostas, aplicando esta técnica para resolver problemas do mundo real.

Para o professor

As vistas da cidade de cubos que apresentamos usam diversas cores para ajudar os alunos a compreender as imagens, sendo que cada torre é apresentada com uma única cor. Você pode não ter cubos da mesma cor, conforme indicado em nossos desenhos. Distribua aos alunos as cores que você tiver disponíveis e diga a eles que podem representar as torres em quaisquer cores que escolherem. No entanto, mudar as cores provavelmente dificultará a observação das vistas e também o trabalho deles. Você pode encorajá-los a anotar nas vistas quais cores estão usando em cada torre para ajudá-los a acompanhar o trabalho.

Na segunda metade da atividade, dê aos alunos a oportunidade de criar seus próprios quebra-cabeças. Desenhar uma figura tridimensional no papel é bem diferente de interpretar um conjunto de desenhos para construir uma figura. Os alunos precisam de oportunidades para se engajar nas duas atividades, e cada uma delas irá ajudá-los de formas diferentes. Relembre-os do quanto é importante se sentir desafiado e trabalhar em ideias matemáticas que lhes permitam esforçarem-se. Antecipamos que a atividade exigirá mais de um dia. Após concluí-la, você também poderá incorporar os quebra-cabeças dos alunos a estações de trabalho ou a jogos para recreio em ambiente fechado.

ATIVIDADE

Abertura

Inicie a atividade mostrando aos alunos algumas imagens dos desenhos que os arquitetos produzem para comunicar como as construções ficarão depois de realizadas (Fig. 1.2). Comente também que os arquitetos costumam criar planos dos andares para representar como cada piso é visto de cima, e que desenham vistas da parte externa para avaliar e comparar um prédio em relação aos demais.

Diga aos alunos que usarão algumas imagens das cidades de cubos para tentar construir o que lhes é apresentado. Mostre um exemplo das vistas do primeiro quebra-cabeça Cidade de cubos. Apresente a vista aérea e certifique-se de que eles entendem que é uma imagem de como a cidade pode parecer ao ser vista a partir de alguém que esteja em um helicóptero e olhe diretamente para baixo. Mostre as vistas laterais e certifique-se de que entendem que a imagem representa o que veriam se estivessem do lado de fora olhando para a cidade. Você pode proporcionar aos alunos um momento para conversar entre si sobre o que observam nas imagens, depois colete algumas dessas observações. Pergunte: vocês conseguem construir a cidade a partir dessas vistas?

Brinque

As duplas escolhem um dos três quebra-cabeças Cidade de cubos para tentar construir primeiro. Elas devem ter acesso a cubos coloridos para construir cada cidade, e, ao fazê-lo, tentam descobrir:

- Quantos cubos são necessários para construir a cidade?
- Há mais de uma maneira de construir uma cidade que corresponda às vistas dadas?
- Se houver mais de uma maneira, qual é o menor e o maior número de cubos necessários para construí-la?

Os alunos devem documentar suas descobertas, seja guardando os modelos construídos (se você tiver cubos suficientes) ou descobrindo uma forma de registrar no papel as possibilidades criadas. Ofereça os tipos de papel pontilhado para aqueles que quiserem.

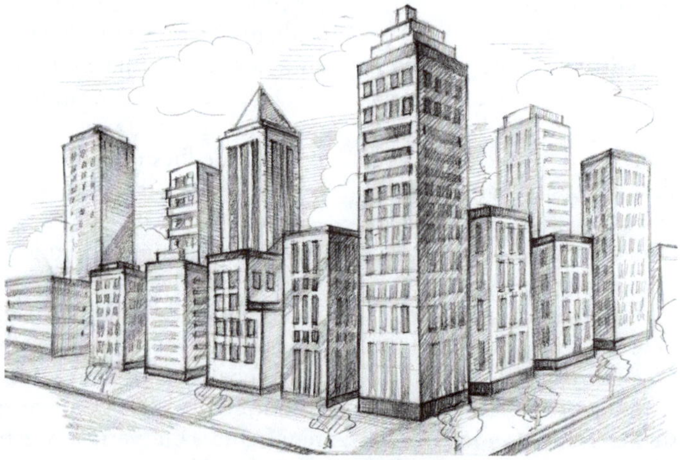

Vistas frontal e lateral

Fonte: Shutterstock.com/paparoma

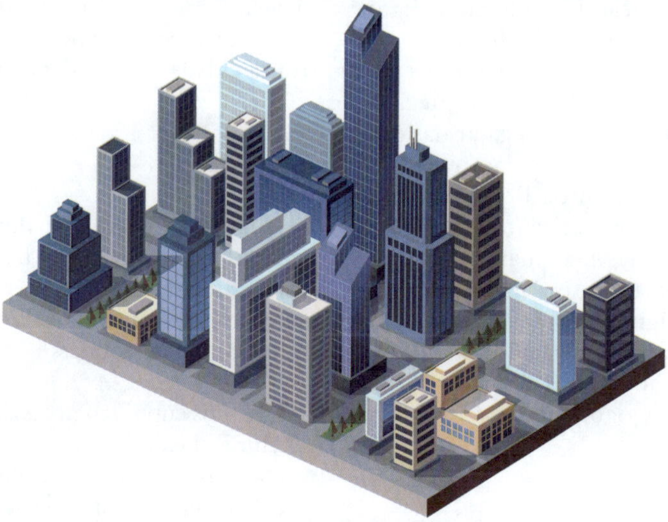

Vista aérea

Fonte: Shutterstock.com/bioraven

Figura 1.2 Desenhos arquitetônicos.

Discuta

Depois que os alunos tiveram a chance de explorar pelo menos um desses quebra-cabeças, reúna-os com suas evidências (modelos ou desenhos) para discutir as seguintes questões:

- Como vocês resolveram a construção das cidades? Que estratégias foram úteis? Como vocês usaram as cores?
- Quantos cubos foram necessários para construir cada cidade? Como vocês determinaram?

- Quais cidades podem ser construídas de mais de uma maneira? Qual é o menor número de cubos necessários para construir uma dessas cidades? Qual é o maior? Como vocês sabem?

Durante a discussão, denomine por *volume* o número de cubos necessário para construir a cidade. No encerramento da discussão, desafie os alunos a criar seus próprios quebra-cabeças Cidade de cubos.

Brinque

As duplas trabalham para criar seus próprios quebra-cabeças Cidade de cubos. Encoraje-as a construir cidades e então use as construções para criar imagens nos papéis pontilhados que poderiam trocar entre si para utilizá-las como quebra-cabeças. Relembre os alunos como as cores ajudam a entender as imagens, e peça que usem cores em seus desenhos do quebra-cabeça. Eles devem considerar quais vistas desejam apresentar e se querem que seu quebra-cabeça tenha várias soluções.

Depois que as duplas terminarem de criar um quebra-cabeça, podem trocar com outros colegas e experimentar os quebra-cabeças uns dos outros. Para cada quebra-cabeça que os alunos experimentarem, peça que considerem as seguintes questões:

- Qual poderia ser o volume?
- Há várias cidades possíveis que correspondem às vistas que vocês receberam?
- Vocês têm sugestões para os criadores do quebra-cabeça sobre como torná-lo mais claro ou mais interessante?

Depois de trocar, os alunos podem devolver o quebra-cabeça aos seus criadores, compartilhar as soluções e dar *feedback* sobre como tornar o quebra-cabeça mais claro ou mais interessante. As rodadas de troca, solução e compartilhamento podem ser repetidas enquanto os alunos estiverem envolvidos com a atividade.

Discuta

Depois que a turma teve oportunidade de criar, trocar e compartilhar os resultados dos quebra-cabeças, reúna os alunos para uma discussão final:

- O que foi desafiador ao fazer o próprio quebra-cabeça? E em relação a criar os desenhos? Como vocês lidaram com esses desafios?
- O que torna uma cidade difícil de construir? Que imagens tornam mais fácil a construção?
- Que estratégias vocês usaram?
- Como vocês descobriram o volume da cidade?
- Qual foi o *feedback* mais útil para melhorar o seu quebra-cabeça? Por quê?

Fique atento

- **Como os alunos estão interpretando as representações bidimensionais do espaço tridimensional?** Eles podem ter dificuldade para perceber a profundidade nas imagens e interpretar diferentes torres como se estivessem em frente ou atrás uma da outra. Alguns podem ter dificuldade com as vistas aéreas. Lembre-os do quanto enfrentar a dificuldade é importante para o desenvolvimento do cérebro. Você pode incentivá-los a colocar o modelo no chão e observá-lo de cima para entender a vista aérea e comparar o trabalho com o quebra-cabeça. Para aqueles com dificuldades com as vistas laterais, é possível compará-las com os desenhos arquitetônicos de modo a ajudá-los a perceber o que conseguem e o que não conseguem ver, e como identificam as construções que não estão à vista. Em seguida, peça para retornarem aos desenhos do quebra-cabeça e tentarem interpretá-los com a mesma forma de pensar.

- **Como os alunos estão registrando o trabalho?** Aos alunos que estiverem pensando em registrar as várias cidades que construíram para combinar com um quebra-cabeça, pergunte o que torna as suas cidades diferentes. As diferenças provavelmente estarão na quantidade de cubos e na posição de cada torre. Você pode perguntar: como vocês podem perceber essas diferenças? Qual ou quais vistas poderiam ajudar a mostrar o que as torna diferentes? Como os títulos dados às vistas poderiam ajudar? Para aqueles que estiverem criando quebra-cabeças, oriente-os a usar a vista apresentada nos quebra-cabeças como modelos possíveis para identificar as cidades. Pergunte: como essas vistas mostram a cidade? Que vistas ajudariam outra pessoa a construir a cidade? Os alunos também podem ser encorajados a focar em uma única vista e falar sobre o que veem antes de tentar desenhar. Você também pode encorajá-los a ver como as outras duplas estão registrando seu pensamento e a aprender uns com os outros.
- **Os alunos estão vendo mais de uma maneira de construir a cidade?** Os alunos podem considerar que a primeira maneira que adotam para a construção seja a única possível. Nesse caso, depois que já construíram de uma forma que consigam justificar a partir das vistas que receberam, encoraje-os a perguntar a si mesmos: o que poderíamos mudar em relação a essa cidade e ainda conseguir fazê-la corresponder às vistas? Encoraje-os a tentar alterar a cidade e verificar as alterações, comparando com as vistas, para descobrir se as mudanças funcionam.

Reflita

O que é volume?

DESENHO ARQUITETÔNICO – VISTAS FRONTAL E LATERAL

DESENHO ARQUITETÔNICO – VISTA AÉREA

QUEBRA-CABEÇA CIDADE DE CUBOS

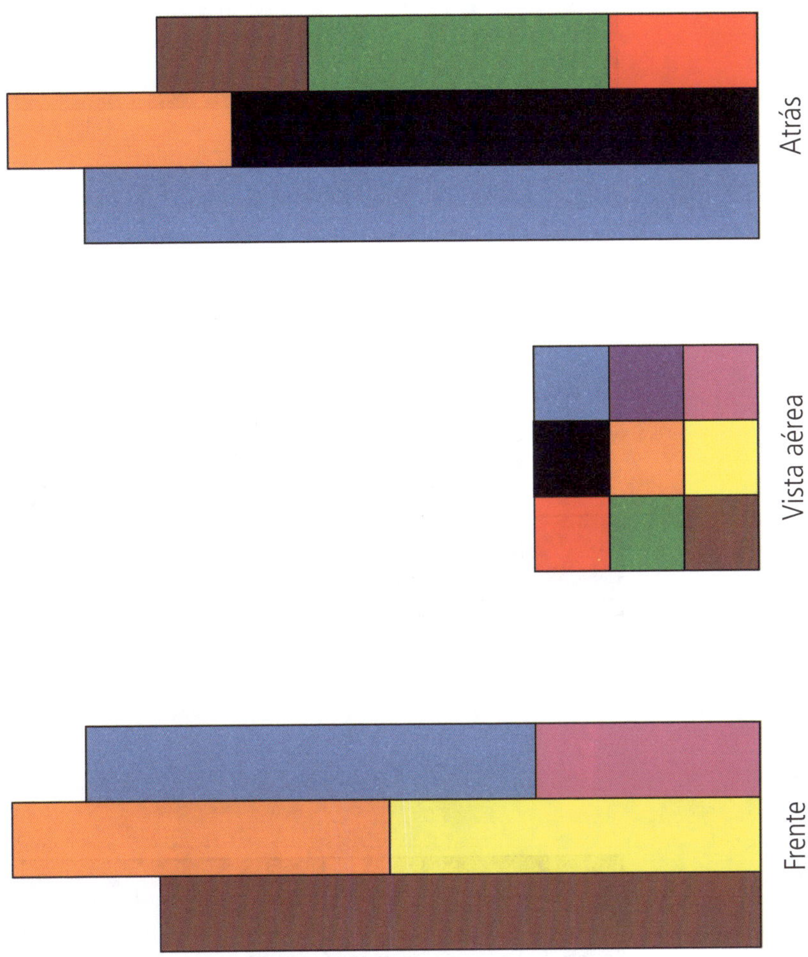

QUEBRA-CABEÇA CIDADE DE CUBOS

QUEBRA-CABEÇA CIDADE DE CUBOS

Cada cor representa uma construção.
As construções da mesma cor são da mesma altura.

Vista aérea

Frente

UMA CAIXA DE CAIXAS

Visão geral

Os alunos investigam o volume de sólidos retangulares colocando caixas pequenas dentro de caixas maiores enquanto tentam minimizar o volume do espaço vazio.

Conexão com a BNCC*

EF05MA21, EF06MA24

Planejamento

Atividade	Tempo	Descrição/Estímulo	Materiais
Abertura	10 min	Mostre aos alunos algumas caixas pequenas e discuta o que acontece quando você as coloca dentro de uma caixa maior para enviar pelo correio. Apresente imagens de quatro caixas pequenas e os desafie a projetar uma caixa para contê-las.	• Caixas de diferentes tamanhos. • Folha da atividade Caixas pequenas, para mostrar à turma.
Explore	30 min	As duplas trabalham no projeto de criação de caixas para conter um conjunto de caixas pequenas que eles podem construir com cubos: 3 x 1 x 1; 2 x 2 x 2; 3 x 2 x 2; e 3 x 2 x 1. Tentam criar uma caixa com o menor volume de espaço vazio.	• Cubos de encaixe, 30 por dupla. • Folha da atividade Caixas pequenas, para cada dupla. • Papéis pontilhados (veja o Apêndice) para as duplas registrarem (veja a atividade **Brinque**). • Opcional: lápis de cor.
Discuta	15 min	Registre as soluções dadas pelos alunos em uma tabela, para concentrar a atenção nas dimensões e no volume, e discuta como o espaço vazio pode ser minimizado.	• Quadro e marcadores.
Explore	30+ min	As duplas investigam a minimização do espaço vazio mudando o parâmetro do problema. Elas podem remover uma caixa, acrescentar uma nova caixa pequena ou criar um novo conjunto de caixas pequenas, tentando minimizar o espaço vazio. Alguns alunos podem investigar o oposto, isto é, conseguir um conjunto de caixas que implique mais espaço vazio.	• Cubos de encaixe, no mínimo 30 por dupla. • Folha da atividade Caixas pequenas, para cada dupla. • Folha da atividade Caixa de caixas, no mínimo uma por dupla.
Discuta	15+ min	Os alunos compartilham suas descobertas a partir das várias investigações, e a turma discute como pensar sobre volume ajuda a projetar as caixas.	• Trabalho dos alunos.

* N. de R.T. No original, conexão com o CCSS: 5.MD.3 e 5.MD.4 (ver nota na página 20); 5.MD.5 – Relacionar volume com as operações de multiplicação e adição e resolver problemas reais e matemáticos envolvendo volume.

Para o professor

A ideia de colocar caixas pequenas dentro de caixas maiores pode ser familiar para alguns alunos, mas pode ser difícil discutir esse assunto com clareza. Você deve iniciar a atividade mostrando algumas caixas menores, e talvez uma caixa maior, de modo que os alunos entendam claramente a ideia. Você pode pedir aos que já viram caixas desse tipo – como, por exemplo, já receberam um pacote pelo correio ou arrumaram uma lancheira – para ajudá-los a fazer conexões. Mostre o que acontece quando uma caixa é grande demais para o conteúdo a fim de motivá-los a criar uma caixa com o menor volume de espaço vazio.

A segunda parte da atividade inclui quatro caminhos de investigação: remover uma caixa pequena, acrescentar uma nova caixa pequena, criar um conjunto de caixas sem espaço vazio e criar um conjunto de caixas que requeira muito espaço vazio. Devido à variedade de opções, a investigação pode se estender por muitos dias. Os alunos poderão querer passar um dia explorando uma dessas questões e então tentar uma nova questão no dia seguinte. Quanto mais tempo passarem investigando, mais descobrirão conexões e padrões que os auxiliem no raciocínio sobre volume e os oriente na direção do pensamento multiplicativo.

ATIVIDADE

Abertura

Inicie a investigação mostrando à turma uma coleção de caixas, como caixas de lenço de papel, de clipes, de jogos, de pastas de arquivo, de lápis ou de medicamentos. Certifique-se de incluir caixas de diferentes tamanhos. Peça aos alunos para imaginarem a necessidade de colocar essas diferentes caixas dentro de uma caixa maior para enviar pelo correio. Comente que quando você envia um pacote, deve se assegurar de que haja pouco espaço vazio, para impedir que os objetos no seu interior fiquem chacoalhando. Comente também que, com isto, diminui-se a quantidade de papel da embalagem, além de proteger a caixa para que não amasse. Pergunte a eles: como você escolheria a caixa do tamanho certo? Qual é a menor caixa em que poderia conter todas as caixas pequenas?

Nessa investigação, os alunos tentarão encontrar a menor caixa que possa conter um conjunto de caixas menores. Mostre as imagens das quatro caixas que eles deverão tentar encaixar dentro de uma caixa maior: 3 x 1 x 1; 2 x 2 x 2; 3 x 2 x 2; e 3 x 2 x 1. Explique que nomeamos modelos de sólidos retangulares como estes pelas suas dimensões e que dizemos que uma caixa mede "3 por 2 por 1" cubos.* Indique essas dimensões nos desenhos e certifique-se de que os alunos compreendam a linguagem usada.

O objetivo é que os alunos projetem uma caixa que contenha todas as quatro e tenha a menor quantidade de espaço vazio quando embalada.

Explore

Ofereça aos alunos cubos de encaixe, uma cópia da folha da atividade Caixas pequenas e papel pontilhado. Você também pode fornecer lápis de cor para os alunos codificarem as diferentes caixas pequenas em seus desenhos. As duplas trabalham para projetar uma caixa que possa conter as caixas menores a seguir: 3 x 1 x 1; 2 x 2 x 2; 3 x 2 x 2; e 3 x 2 x 1. Enquanto trabalham, devem investigar as seguintes questões:

- Qual é a menor caixa de embalagem que vocês podem projetar e que seja capaz de conter todas essas caixas menores?

* N. de R.T. As autoras se referem à medida da caixa como "3 por 2 por 1" cubos em substituição à "3 por 2 por 1" arestas de cubo.

- Quais são as dimensões da sua caixa? Qual é o volume? Quanto espaço vazio restará nela?

As duplas registram as diferentes soluções em papel pontilhado enquanto tentam encontrar a caixa com o menor espaço vazio. Para cada resultado, os alunos registram as dimensões da caixa de embalagem, o volume e o espaço vazio, o que irá ajudá-los a comparar diferentes soluções.

Discuta

Depois que os alunos tiveram a chance de investigar e encontrar algumas soluções possíveis, reúna-os para discutir as seguintes questões. Registre as soluções no quadro, mostrando as dimensões de cada caixa, o volume ocupado e o espaço vazio remanescente (Fig. 1.3).

- Que caixas vocês criaram?
- Como encontraram o volume das caixas que criaram?
- Como descobriram a quantidade de espaço vazio em cada uma das caixas de embalagem? Qual das caixas deixa menos espaço vazio?
- Que estratégias criaram para minimizar o espaço vazio?
- Como podemos ter certeza de que, como turma, descobrimos a menor caixa de embalagem possível?

Peça que os alunos examinem o quadro que criaram com as soluções da turma. Pergunte: que padrões vocês observam no quadro? Aproveite as conexões que os alunos fazem entre as dimensões da caixa que criaram e seu volume, bem como a relação entre o volume da caixa de embalagem e o volume do espaço vazio (isto é, quanto maior a caixa, mais espaço vazio ela deixa).

Figura 1.3 Duas construções de alunos inseridas em uma tabela para exibição na sala de aula.

Explore

Após a discussão, desafie os alunos a investigar o que acontece à menor caixa de embalagem quando os parâmetros do problema se alteram. Eles podem escolher refletir sobre uma ou mais das questões listadas adiante. Para cada questão que explorarem, devem registrar as dimensões das caixas pequenas com as quais estão trabalhando, as dimensões da caixa de embalagem, o volume dela e o volume do espaço vazio. Ofereça uma folha da atividade, embora os alunos possam querer criar um método de registro próprio.

- O que acontece se removerem uma das quatro caixas pequenas? Nesse caso, qual é a menor caixa que vocês podem criar para conter as três caixas restantes?
- O que acontece se acrescentarem uma nova caixa? De que tamanho é a caixa que gostariam de acrescentar? Agora qual é a menor caixa capaz de conter todas as cinco caixas?
- Vocês conseguem encontrar um conjunto de caixas que não deixe espaço vazio?
- Vocês conseguem encontrar um conjunto de caixas que deixe muito espaço vazio?

Discuta

Os alunos terão investigado diferentes limitações para embalar caixas: embalar menos caixas, embalar mais caixas, embalar sem nenhum espaço vazio e embalar com muito espaço vazio. Você pode discutir todos esses caminhos, mas se um deles for mais intrigante para os alunos, permita algum tempo extra para a investigação. Você pode estimulá-los a compartilhar as folhas da atividade em um projetor para mostrar suas soluções e como as tentativas que realizaram serviram para refinar suas ideias.

- Que coisas interessantes vocês descobriram quando tentaram embalar as caixas?
- Que tipos de caixas pequenas são difíceis de embalar? Por quê?
- O que acontece com a caixa feita por vocês quando alteram o que está no interior?
- Como vocês refinaram suas estratégias para encontrar uma caixa menor?
- Alguém encontrou um conjunto de caixas que não deixe nenhum espaço livre? Quais são as dimensões dessas caixas?
- Alguém encontrou um conjunto de caixas que deixa muito espaço vazio? Por que vocês acham que esse conjunto requer muito espaço vazio?
- De que forma pensar sobre volume ajuda a projetar uma embalagem?

Fique atento

- **Os alunos estão construindo uma caixa externa de cubos em torno das caixas pequenas?** Os alunos podem tentar usar os cubos para construir uma caixa em torno dos cubos menores, envolvendo-a em cubos adicionais. Isso criará soluções enganosas, porque os próprios cubos têm volume – eles são, na verdade, caixas pequenas. Você pode retomar o exemplo das caixas de papelão que compartilhou na abertura para observar que as paredes das caixas de embalagem são finas. Eles talvez se beneficiem da criação das paredes da caixa maior em papel (em vez de cubos) para perceber que o volume dela pode ser medido em cubos com base no que está dentro dela.
- **Como os alunos estão encontrando o volume do espaço vazio?** Alguns alunos conseguem imaginar os cubos que faltam na caixa de embalagem que construíram, mas outros precisarão enxergá-los. Você pode encorajá-los a preencher o espaço que falta com uma cor diferente para ajudá-los a ver. Eles podem, então, removê-los para contar os cubos que representam o espaço vazio.
- **Como os alunos estão encontrando o volume da caixa de embalagem?** Encoraje-os a construir com cubos e contar, caso isso ajude. Mas também é possível esti-

mulá-los a observar padrões que os ajudem a contar mais rápido e por fim recorrer a uma multiplicação. Por exemplo, se os alunos contam os cubos no fundo da caixa (ou em qualquer camada), você pode perguntar: há alguma maneira pela qual vocês poderiam usar essa informação para que não precisassem contar todos os cubos? Incentivá-los a desenvolver novas formas promoverá o desenvolvimento do cérebro.

Reflita

Como você encontra o volume de um sólido retangular?

REFERÊNCIA

BANDURA, A.; AZZI, R. G.; POLYDORO, S. (Orgs.). *Teoria social cognitiva*: conceitos básicos. Porto Alegre: Artmed, 2008.

CAIXAS PEQUENAS

Você tem quatro formas como as apresentadas a seguir. Qual é o menor tamanho de caixa que poderá conter essas formas dentro dela?

A caixa deve ser um prisma retangular com comprimento, largura e altura. Há mais de uma maneira de embalar essas formas?*

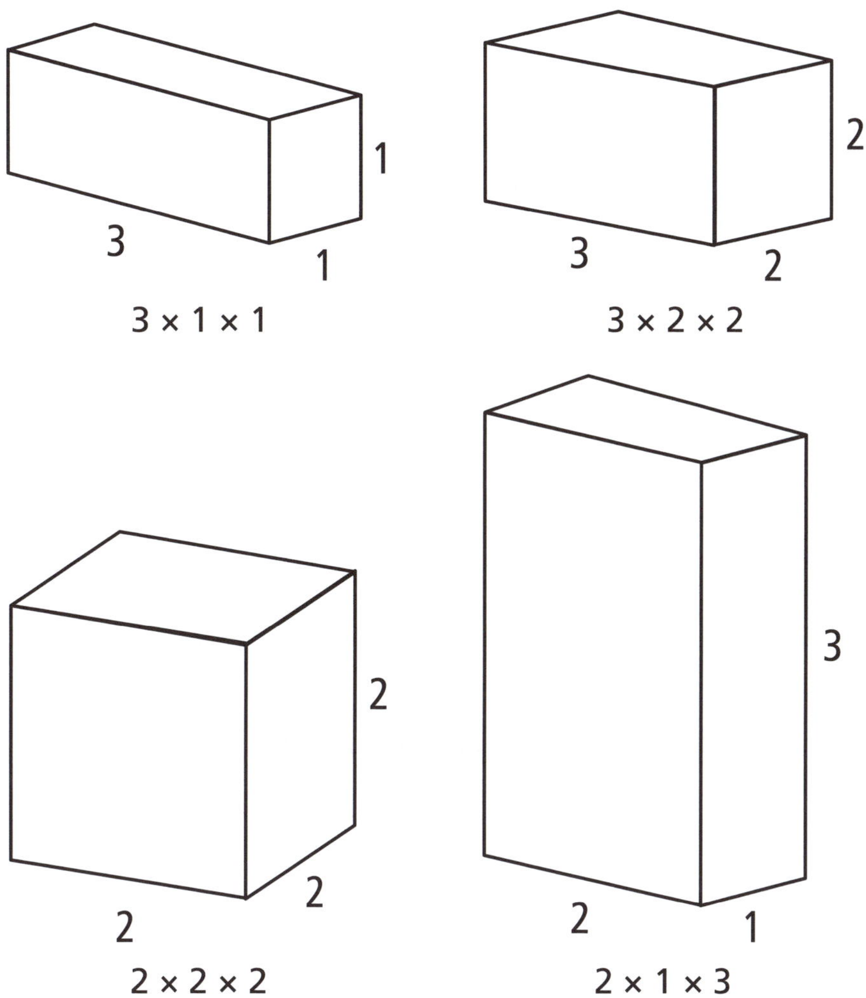

* N. de R.T. Os fatores das multiplicações apresentadas pelas autoras referem-se ao número de unidades de medida de comprimento de cada aresta do prisma retangular. Por exemplo, a multiplicação 3 × 1 × 1 indica 3 unidades de comprimento, 1 unidade de largura e 1 unidade de altura.

FOLHA DA ATIVIDADE CAIXA DE CAIXAS

Dimensões das caixas pequenas	Dimensões da caixa de embalagem	Volume da caixa de embalagem	Volume do espaço vazio

FAZENDO ESTIMATIVAS COM FRAÇÕES

Há muitos anos, na Inglaterra, foi nomeado um comitê do governo para descobrir o tipo de matemática mais usado pelas pessoas em suas vidas e no trabalho. Publicado em 1982, o relatório *Mathematics Counts*, batizado como "Cockcroft Report" pelo presidente da comissão – foi o primeiro estudo do tipo.* O estudo destacou diversas áreas da matemática que eram usadas no trabalho e na vida das pessoas. Muitas delas, como a aritmética, eram esperadas, e já assumem um papel central no ensino da matemática. Há, porém, uma área da matemática destacada pelo comitê que desempenha um papel mínimo na preparação matemática dos estudantes. O relatório abordou a importância fundamental da estimativa, apontando que a indústria e o comércio se baseiam "amplamente" na habilidade de fazer estimativas. Dois aspectos em relação à estimativa foram destacados: primeiro, ter a capacidade e a disposição de julgar se o resultado de um cálculo ou medida é plausível; segundo, ter a capacidade de fazer "julgamentos subjetivos" sobre medidas – isto é, dar uma ideia aproximada de um resultado, em vez de calculá-lo com precisão. Na minha experiência em diferentes salas de aula durante décadas de trabalho em educação matemática, encontrei alunos relutantes, até mesmo receosos, em estimar resultados de cálculos. Com frequência, quando são convidados a fazer uma estimativa, os alunos calculam a resposta exata e então arredondam os números para fazer com que se pareçam com estimativas! Essa relutância em estimar costuma ocorrer porque os alunos não percebem estimativas como uma tarefa matemática. Eles passaram tanto tempo calculando com exatidão que a ideia de apresentar uma estimativa é estranha para eles. Acontece, no entanto, que é uma prática essencial para a vida e para o trabalho.

A estimativa também é uma atividade valiosa porque ajuda no desenvolvimento do senso numérico. Quando os alunos não calculam o resultado exato, eles precisam considerar a ordem de grandeza dos números ou dos resultados de medidas, o que os ajudará a desenvolver uma área essencial da matemática: o senso numérico. No conjunto das três atividades que compõem esta ideia fundamental, os alunos são solicitados a fazer estimativas com frações. Isso é ideal, já que eles costumam aprender frações como um conjunto de procedimentos. Solicitar que os alunos realizem estimativas com frações os ajuda a ir além da ideia equivocada de que frações são apenas um conjunto de regras. Em vez disso, serão solicitados a pensar mais amplamente sobre as frações – sobre o que elas significam, o quão grande são e como se relacionam com os objetos reais. Como é o caso da maioria das nossas atividades, isso também encorajará conexões cerebrais, pois a matemática é tanto numérica quanto visual.

Na atividade **Visualize**, convidamos os alunos a fazer flocos de neve, o que será envolvente e oferecerá oportunidades para um pensamento profundo. Enquanto trabalham com os flocos de neve, também pensarão so-

* Disponível em: www.educationengland.org.uk/documents/cockroft/cockroft1982.html#00.

bre frações e medidas, estimando as frações dos papéis que utilizam. Também serão convidados a refletir atentamente sobre suas estimativas, se elas se aproximam de valores reais e de que forma podem certificar-se disso.

Na atividade **Brinque**, os alunos ampliarão o trabalho com flocos de neve e desenvolverão estratégias para recortar frações específicas de papel, fazendo uma exposição de flocos de neve para a sala. A exibição completa cria uma possiblidade de discussão em que os alunos podem conversar sobre estratégias e procedimentos para estimativas. É provável que cometam erros enquanto recortam partes fracionárias específicas, o que será uma oportunidade maravilhosa de conversar sobre o valor dos erros e lembrá-los de que, quando estão tendo dificuldades e achando as coisas difíceis, seus cérebros estão fazendo um exercício excelente e se desenvolvendo.

Na atividade **Investigue**, os alunos usarão imagens para fazer perguntas sobre estimativas com frações e utilizarão fotografias tiradas por eles mesmos para criar desafios de estimativas com frações. Ficarão entusiasmados por terem a chance de levar as próprias imagens de objetos e de formular perguntas matemáticas. Esse é um momento importante para os alunos agirem com *agência** e serem criativos, dois aspectos essenciais no trabalho matemático.

Jo Boaler

* N. de R.T. Ver nota na página 19.

FAZENDO FLOCOS DE NEVE

Visão geral

Os alunos começam a pensar sobre estimativas com frações construindo flocos de neve com papel e desenvolvendo estratégias para fazer estimativas da porção de papel que recortaram.

Conexão com a BNCC*

EF06MA10

Planejamento

Atividade	Tempo	Descrição/Estímulo	Materiais
Abertura	10 min	Mostre aos alunos como você pode recortar flocos de neve a partir de uma folha de papel quadrada. Discuta com a turma a pergunta: aproximadamente *quanto* do papel foi recortado? Introduza a ideia de estimativas com frações.	• Folha de papel branco quadrado. • Tesoura. • Folha de papel colorido.
Explore	30+ min	As duplas recortam os próprios flocos de neve de papel e desenvolvem formas de estimar a porção de papel que foi recortada em cada caso.	• Papel quadrado, muitas folhas por dupla. • Tesoura, uma por dupla. • Cartolinas coloridas,** muitas folhas por dupla. • Fita adesiva. • Papel para cartazes e canetinhas.
Discuta	15 min	Discuta as estratégias que os alunos desenvolveram para estimar a fração de papel de cada cor retirada durante a construção dos flocos de neve. Discuta os desafios de fazer estimativas com frações e o que os alunos podem fazer para aumentar a precisão.	• Cartazes dos alunos.

Para o professor

Denominamos a atividade como Fazendo flocos de neve porque muitos alunos tiveram experiências anteriores com dobradura de papel, recortando partes e abrindo o papel para revelar o que fizeram. Essas figuras não precisam ser flocos de neve, e alguns alunos podem ficar mais interessados em simplesmente criar padrões. Dobrar e recortar produz repetição, o que pode ser feito para estimar a porção de papel recortado, e encorajamos você a fazer disso a parte central da tarefa, independentemente do que os alunos fizerem.

Alguns alunos talvez tenham dificuldade com a noção de que podemos estimar com

* N. de R.T. No original, conexão com o CCSS: 5.NF.2 – Resolver problemas envolvendo adição e subtração de frações referentes ao mesmo todo, incluindo casos de denominadores diferentes, por exemplo, usando modelos visuais de fração ou sentenças para representar o problema. Usar frações de referência e o senso numérico para estimar mentalmente e avaliar a razoabilidade das respostas. Por exemplo, reconhecer um resultado incorreto $\frac{2}{5} + \frac{1}{2} = \frac{3}{7}$, observando que $\frac{3}{7} < \frac{1}{2}$.

** N. de R.T. No original, *construction paper*, que corresponde a papéis com gramatura maior que o A4, disponível em várias cores e usado especialmente para trabalhos escolares.

frações. Normalmente, quando os alunos trabalham com frações, a precisão costuma ser enfatizada. Nesses casos, queremos nos certificar de que cada porção seja exatamente igual a outra, e usamos essa precisão para comparar frações próximas, como $\frac{2}{3}$ e $\frac{3}{4}$. Mas frações são números e podem ser usadas para fazer estimativas, o que depende da compreensão que os alunos têm desses valores. Nesta atividade, encoraje-os a usar algumas frações como referência para raciocinar sobre a fração de papel que recortaram e a usar o conhecimento prévio acerca da comparação de uma fração com a outra, tomada como referência. Se os alunos afirmarem que a estimativa está entre $\frac{1}{4}$ e $\frac{1}{2}$, você pode perguntar se eles acham que está mais próxima de $\frac{1}{4}$ ou de $\frac{1}{2}$, e então que fração poderia ser. Fazer estimativas nos encoraja a raciocinar porque uma resposta exata não é possível; todas as respostas requerem uma justificativa clara.

ATIVIDADE

Abertura

Inicie a tarefa mostrando aos alunos como você pode dobrar o papel para fazer um floco de neve. Dobre uma folha de papel quadrada, de determinada cor, em pedaços de tamanhos iguais irradiando de um ponto central. Você pode dobrar em seis partes, como flocos de neve, mas também em oitavos. Depois, recorte algumas porções. Levante o papel antes de desdobrá-lo e peça que os alunos olhem para o que você recortou e para o papel que ainda está na sua mão. Então desdobre o papel e o cole a um pedaço de papel de cor diferente da anterior para deixar as aberturas mais visíveis, conforme mostra a Figura 2.1.

Pergunte: aproximadamente quanto do papel eu recortei? Estimule-os a conversar com um colega sobre a estimativa. Peça que compartilhem alguns pensamentos com a turma sobre essa questão. Destaque as ideias que usam frações para considerar a porção que foi recortada. Se nenhum dos alunos usar frações, mas, em vez disso, uma linguagem descritiva (p. ex., "um pouco", "um pouquinho"), estimule-os a pensar sobre como poderiam tornar a descrição mais precisa. Eles podem dizer algo como: "menos da metade", e você pode lhes perguntar que fração poderia representar menos da metade.

Pergunte: por que frações são uma maneira útil de falar sobre a quantidade de papel que recortei? Discuta brevemente como as

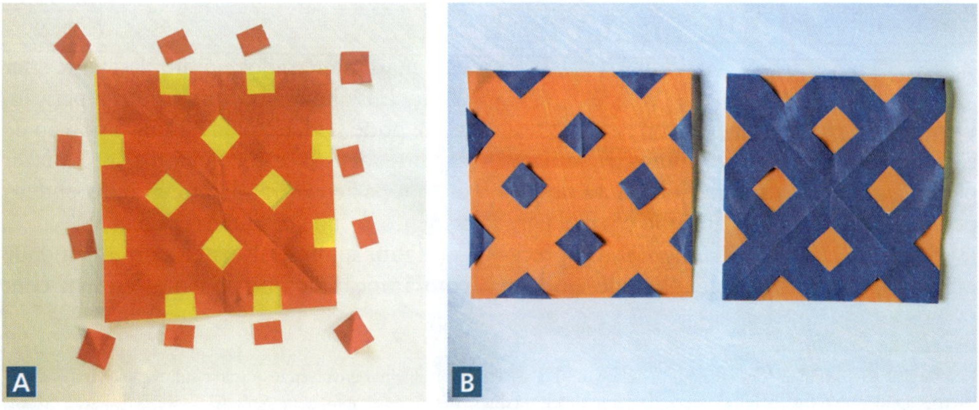

Figura 2.1 (A) Um padrão de floco de neve vermelho colado em uma folha com fundo amarelo. (B) Um floco de neve azul colado em uma folha cor de laranja. Os quadrados azuis restantes são colados em outra folha cor de laranja.

frações nos permitem nomear uma parte do todo, comparando a parte removida da folha de papel com toda a folha. Esclareça que a fração ou as frações que os alunos encontrarem são estimativas, não medidas, e que neste trabalho exploraremos como podemos fazer estimativas com frações. Apresente a tarefa aos alunos e deixe o floco de neve à disposição caso queiram examinar como foi criado.

Explore

Os alunos devem ter acesso a papel recortado no formato quadrado, cartolinas coloridas, tesoura e fita adesiva. Peça que trabalhem com um colega para dobrar uma folha de papel e recortar porções para criar um floco de neve de papel, conforme mostra a Figura 2.2. Os recortes de papel podem se parecer com flocos de neve, mas não necessariamente. Qualquer criação recortada funcionará para essa exploração. Os alunos talvez queiram colar os flocos de neve em cartolina colorida, assim como você fez, para facilitar a visualização da porção que está faltando.

Para cada floco de neve que os alunos fizerem, eles devem encontrar uma maneira de estimar a fração do papel que recortaram. Peça que façam uma apresentação em cartolina mostrando os flocos de neve e a maneira como estimaram a fração do papel que estava faltando. Eles podem querer fazer anotações sobre o floco de neve ou sobre as porções recortadas para ajudar a elucidar o processo ou os próprios argumentos, conforme mostra a Figura 2.3.

Se houver tempo, peça que os alunos façam vários flocos de neve e considerem se suas estratégias para estimativa são válidas para diferentes flocos de neve ou se precisam de novos métodos.

Discuta

Faça os alunos pendurarem os cartazes onde a turma toda possa vê-los. Discuta as questões a seguir, fazendo referência ao trabalho dos alunos sempre que possível:

- Que estratégias vocês criaram para estimar a fração de papel que estava faltando?
- O que vocês usaram para ajudar? (Encoraje-os a pensar sobre quais ideias ou padrões usaram para ajudá-los a fazer a estimativa. Alguns podem usar as aberturas no floco de neve; outros podem usar os pedaços recortados para pensar sobre a fração do papel que está faltando.)
- O que foi difícil ao fazer uma estimativa?
- O quanto vocês acham que as estimativas foram aproximadas? Por quê? Vocês acham

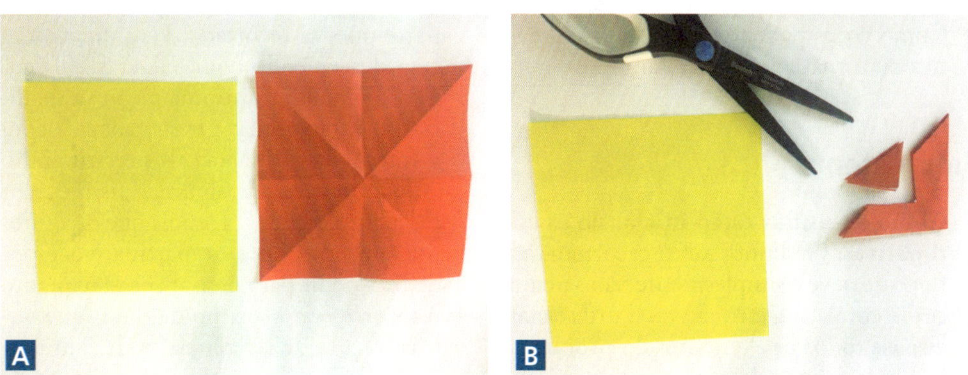

Figura 2.2 (**A**) O papel vermelho foi dobrado pela metade três vezes. (**B**) Foi feito um corte no papel vermelho dobrado.

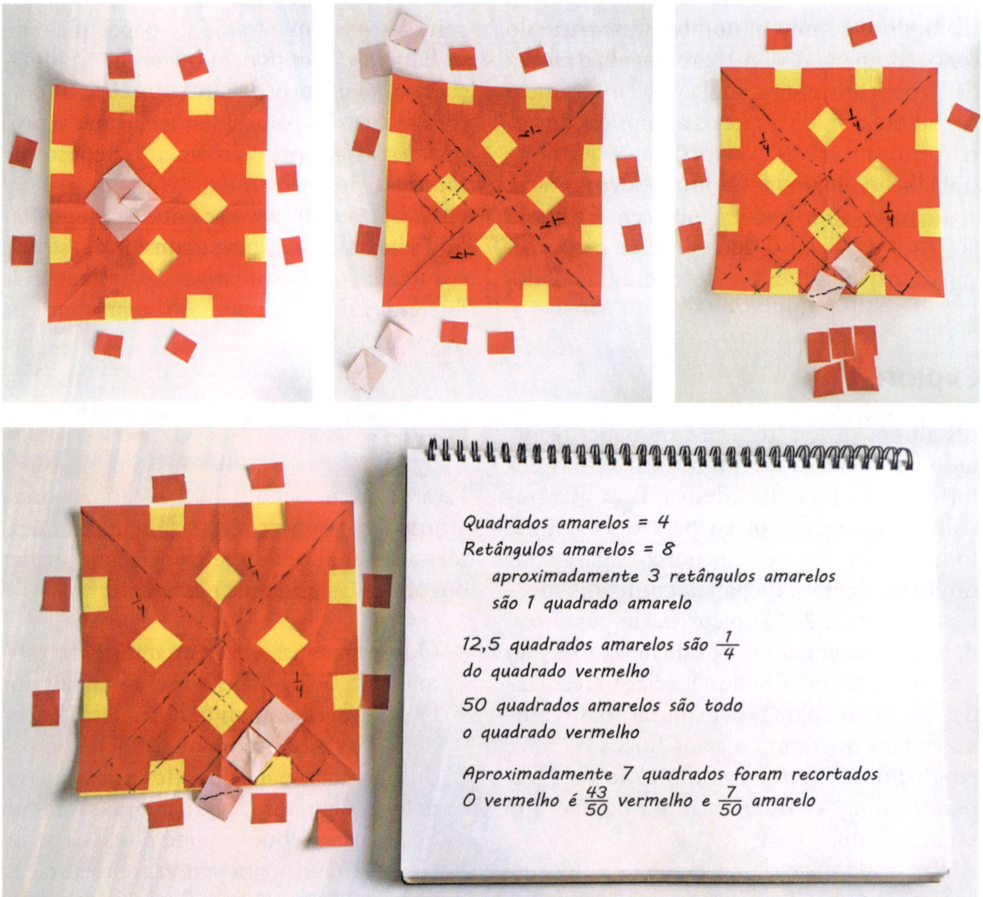

Figura 2.3 A progressão do trabalho que resulta em uma estimativa.

que as estimativas estão acima ou abaixo da fração real do papel que está faltando?

- Como vocês podem verificar sua estimativa ou torná-la mais precisa?

Fique atento

- **Como os alunos estão iniciando as estimativas?** Os alunos talvez recortem um floco de neve e simplesmente não saibam como começar a estimativa. É útil tornar visíveis todos os elementos do problema exibindo o floco de neve, as partes recortadas e uma folha de papel não recortada. Você pode perguntar como podem usá-las para ajudá-los a pensar sobre a parte que foi recortada. Peça que comecem descrevendo com palavras, tais como "algumas", "um pouco" ou "a maioria", e então conecte essas palavras com a fração de referência $\frac{1}{2}$ perguntando: "Quando você diz 'algumas', isso é mais ou menos que $\frac{1}{2}$?". Depois que os alunos tiverem um ponto de partida, você pode lhes pedir para pensar sobre o quanto o recorte está próximo de $\frac{1}{2}$ ou que outras frações de referência poderiam usar para ajudá-los a chegar mais próximo de uma estimativa.

- **Os alunos estão tentando ser exatos em vez de fazer uma estimativa?** Alguns alunos podem procurar recortar estrategicamente o papel para tentar encontrar uma resposta exata. Encoraje-os a correr o risco de ser menos precisos, pois o objetivo é desenvolver formas de fazer estimativas com frações. Para os que tentarem fazer muitas medições ou calcular a área, você pode assinalar que, embora precisos, esses métodos são demorados, e só o que precisamos é de uma estimativa.
- **Como os alunos estão usando frações de referência para fazer estimativas?** Alguns alunos podem classificar todos os flocos de neve como tendo $\frac{1}{4}$, $\frac{1}{2}$ ou $\frac{3}{4}$ de papel recortado. Ajude-os a pensar com mais nuances, pedindo que raciocinem sobre a relação entre o papel que está faltando e a referência. É mais ou menos do que a referência? Um pouco ou muito mais/menos? Que valores de fração estão próximos? Essas perguntas ajudam os alunos a desenvolver estimativas melhores e a raciocinar sobre a relação de uma fração com a outra.

Reflita

Qual estratégia você achou mais efetiva (ou interessante) para estimar a fração de papel que foi recortada? Por quê?

NEVASCA DE FRAÇÕES

Visão geral

Os alunos ampliam o trabalho com os flocos de neve e desenvolvem estratégias para recortar uma fração específica do papel: $\frac{1}{8}$, $\frac{1}{6}$, $\frac{1}{4}$, $\frac{1}{3}$, $\frac{1}{2}$ ou $\frac{3}{4}$. A turma cria uma exposição dos flocos de neve para discutir estratégias e procedimentos para a estimativa com frações.

Conexão com a BNCC*

EF06MA10

Planejamento

Atividade	Tempo	Descrição/Estímulo	Materiais
Abertura	10 min	Relembre os alunos das estratégias que eles desenvolveram para estimar a fração de papel recortado dos flocos de neve na atividade **Visualize**. Desafie-os a criar flocos de neve que possam ser representados por frações particulares.	• Cartazes ou exemplos de trabalho dos alunos na atividade **Visualize**. • Área de exposição montada com rótulos ou nomes para os diferentes flocos de neve.
Brinque	30+ min	As duplas trabalham em conjunto para criar flocos de neve que tenham $\frac{1}{8}$, $\frac{1}{6}$, $\frac{1}{4}$, $\frac{1}{3}$, $\frac{1}{2}$ ou $\frac{3}{4}$ de papel recortado. Elas desenvolvem estratégias para representar essas frações (frações-alvo) e refinar estratégias para fazer estimativas. Depois, exibem os flocos de neve em uma exposição para a turma.	• Papel quadrado, muitas folhas por dupla. • Tesoura, uma por dupla. • Cartolina, muitas folhas por dupla. • Fita adesiva ou cola. • Materiais para pendurar os flocos de neve: fita adesiva, tachinhas ou grampeador.
Discuta	15-20 min	Discuta as estratégias que os alunos desenvolveram para conseguir uma fração específica do papel e os padrões que observaram enquanto trabalhavam. Use a exposição da turma para determinar se os flocos de neve fazem sentido e discuta algum elemento que pareça não se encaixar.	• Trabalho dos alunos na exposição da turma.
Amplie	20+ min	As duplas escolhem suas próprias frações (p. ex., $\frac{3}{8}$, $\frac{1}{7}$ ou $\frac{5}{6}$) e testam as estratégias que desenvolveram para essas frações.	• Papel quadrado, muitas folhas por dupla. • Tesoura, uma por dupla. • Cartolina, muitas folhas por dupla. • Fita adesiva ou cola.

* N. de R.T. No original, conexão com o CCSS: 5.NF.2 (ver nota na página 45).

Para o professor

Assim como na atividade **Visualize**, estruturamos esta tarefa como a criação de flocos de neve, mas os alunos podem criar qualquer tipo de padrão. O uso de dobradura com recortes cria repetição, o que é útil para fazer estimativas da fração de papel que será recortada.

Antes da tarefa, encorajamos você a montar uma área de exposição para os trabalhos, que pode ser uma parede, um quadro de avisos ou quadro branco. Nomeie um espaço para cada fração-alvo do papel recortado: $\frac{1}{8}$, $\frac{1}{6}$, $\frac{1}{4}$, $\frac{1}{3}$, $\frac{1}{2}$ e $\frac{3}{4}$ do papel que está faltando. Os alunos usarão o espaço para afixar os flocos de neve correspondentes a cada fração-alvo; portanto, garanta que o espaço seja suficientemente grande para acomodar o número de flocos de neve da turma. Veja um exemplo na Figura 2.4.

ATIVIDADE

Abertura

Inicie a atividade lembrando o trabalho que os alunos fizeram na atividade **Visualize**, em que recortaram flocos de neve e estimaram a fração recortada do papel. Você pode fazer referência aos cartazes e nomear algumas das estratégias que eles desenvolveram, porque elas provavelmente serão úteis neste trabalho. Diga aos alunos que hoje tentarão criar flocos de neve com diferentes frações de papel recortado. Mostre o espaço de exposição e os rótulos criados para os flocos de neve. Como vocês poderiam criar um floco de neve que recorte aproximadamente $\frac{1}{8}$ do papel? $\frac{1}{4}$? $\frac{1}{3}$? $\frac{1}{2}$? Vocês conseguem criar um floco de neve que recorte aproximadamente $\frac{3}{4}$ do papel? Relembre aos alunos que eles

Figura 2.4 Cinco peças do trabalho dos alunos já estão afixadas!

ainda estão estimando – não medindo –, mas que suas estratégias e raciocínio são importantes. As duplas se reúnem para encontrar formas de justificar seu raciocínio.

Brinque

Distribua aos alunos papel no formato de quadrado, cartolina, tesoura e materiais para afixar os flocos de neve na parede. Eles trabalham em duplas e desenvolvem estratégias para criar flocos de neve com aproximadamente $\frac{1}{8}$, $\frac{1}{6}$, $\frac{1}{4}$, $\frac{1}{3}$, $\frac{1}{2}$ e $\frac{3}{4}$ do papel removido.

As duplas primeiramente escolhem uma fração-alvo que tentarão recortar do papel. É provável que precisem tentar várias vezes, então precisarão de bastante papel. Encoraje a experimentação e a disposição para cometer erros ao tentar resolver os enigmas. Quando as duplas acharem que o floco de neve está de acordo com a fração-alvo escolhida, peça que o construam sobre uma folha de cartolina. A seguir, devem mostrar como fizeram a estimativa do papel removido; podem fazer um diagrama do floco de neve e usar rótulos, flechas, palavras e números para representar a fração aproximada de papel recortado. Em seguida, as duplas devem expor o floco de neve com as justificativas por escrito na exposição da turma, abaixo do rótulo da fração que corresponda à fração-alvo escolhida.

Encoraje-as a tentar várias frações enquanto desenvolvem estratégias para chegar perto de uma fração-alvo.

Discuta

Depois que os alunos tiverem a chance de fazer vários flocos de neve, de cometer muitos erros e revisar, volte a reuni-los para discutir as questões a seguir. Sempre que possível, faça referência aos flocos de neve na exposição.

- Que estratégias vocês encontraram para fazer um floco de neve correspondente a uma fração-alvo de papel removido?
- O que vocês usaram para ajudar? (Encoraje-os a pensar sobre as ideias ou os padrões que usaram.)
- Quais frações foram mais difíceis ou mais fáceis? Por quê?
- Foi difícil fazer uma estimativa?
- Olhando para a parede, os flocos de neve abaixo de cada fração fazem sentido? Por exemplo, todos os flocos de neve abaixo de $\frac{1}{2}$ parecem ter aproximadamente a mesma quantidade de papel removido? (Se a turma notar algum que pareça diferente, você pode conversar com eles sobre isso.)
- Há outras frações que vocês gostariam de experimentar? O que tornaria outras frações interessantes ou desafiadoras?

Amplie

Se os alunos estiverem envolvidos na confecção de flocos de neve e quiserem experimentar mais, você pode pedir que escolham outras frações-alvo e criem novos flocos de neve. Você pode encorajá-los a escolher frações que achem desafiadoras de alguma forma por não serem frações unitárias (como $\frac{3}{8}$), grandes (como $\frac{5}{6}$) ou menos favoráveis (como $\frac{1}{7}$). Isso os encorajará a desenvolver a capacidade de fazer estimativas para incluir um grupo maior de frações.

Fique atento

- **Os alunos estão recortando de maneira estratégica?** Embora encorajemos os alunos a cometer erros, eles aprenderão mais com os erros se estiverem trabalhando de forma estratégica. Se parecer que estão trabalhando aleatoriamente, você pode pedir que falem sobre seu plano, sobre o que estão tentando fazer. Você também pode fazê-los recordar as tentativas anteriores e refletir sobre por que elas não correspondem à fração-alvo. Eles recortaram papel demais ou de menos? Como poderiam utilizar o que fizeram em um floco de neve anterior para chegar mais perto do objetivo?

- **Como os alunos estão fazendo estimativas?** Estimar a fração removida de papel pode ser difícil, e você pode encontrar alunos que criam flocos de neve e estão tendo dificuldades para determinar se eles correspondem à fração-alvo. Retome as estratégias usadas na atividade **Visualize** e pergunte quais dessas estratégias fazem mais sentido para eles. Incentive-os a experimentar estratégias com um floco de neve que já fizeram.
- **Como os alunos estão explicando as estimativas?** Os alunos podem ter uma estimativa desenvolvida intencionalmente, mas têm dificuldades em explicar o processo. Em geral, é útil usar o próprio floco de neve ou peças recortadas como apoio na explicação do seu raciocínio. Peça que os alunos mostrem como estão pensando sobre a estimativa para ajudar você a visualizar o que eles conseguem perceber. Se estiverem com dificuldade, você também poderá pedir que nomeiem ou escrevam o que determinaram sobre o floco de neve e então levar a discussão para a turma de modo que os colegas possam ajudar a construir uma explicação.

Reflita

O que faz uma fração ser mais fácil ou mais difícil de estimar?

REFLETINDO COM FRAÇÕES

Visão geral

As duplas formulam perguntas sobre estimativas com frações usando imagens aéreas e de coleções. Investigam as questões e desenvolvem estratégias para estimativas com frações.

Conexão com a BNCC*

EF06MA10

Planejamento

Atividade	Tempo	Descrição/Estímulo	Materiais
Abertura	10 min	Relembre os alunos sobre os trabalhos anteriores com flocos de neve que envolveram estimativas com frações. Mostre uma das imagens e peça para elaborarem questões sobre o que têm curiosidade, encorajando-os a fazer perguntas que envolvam estimativas com frações.	• Uma folha com uma imagem para estimativas com frações para mostrar à turma. • Cartolinas para cartazes e canetinhas.
Explore	30+ min	As duplas escolhem uma imagem e elaboram perguntas sobre estimativas com frações. Depois, desenvolvem estratégias para responder às perguntas, registrando as estratégias em cartazes para compartilhar.	• Cópias de folhas com uma imagem para estimativas com frações por dupla. • Fita adesiva. • Cartolinas e canetinhas para cada dupla.
Discuta	15 min	Faça um passeio pela exposição de fotos, perguntas e estratégias dos alunos para estimativas com frações. Discuta as perguntas e estratégias que os alunos desenvolveram e as conexões entre elas.	• Cartazes das duplas pendurados pela sala. • Adesivos de círculos em duas cores, alguns para cada aluno.
Amplie	45+ min	As duplas tiram fotografias para utilizarem em estimativa com frações. Em seguida, formulam e resolvem perguntas de estimativas com frações sobre as fotos. Então, podem trocar fotos com outros grupos para explorar.	• Telefones celulares ou máquinas fotográficas para tirar fotos. • Acesso a objetos na sala de aula para preparar as fotos. • Recursos para visualizar fotos: *tablets*, computadores ou fotos impressas.

Para o professor

No trabalho anterior com flocos de neve, os alunos raciocinaram sobre medida de área enquanto estimavam a fração de papel recortado. A área de uma região é um ponto útil para começar quando se aprende a fazer estimativas com frações porque, quando uma parte parece maior, ela também é uma fração maior do todo. Entretanto, há muitas situações envolvendo estimativas com frações em que as partes não são de mesmo tamanho, e ser maior talvez não seja relevante. De fato, ser maior pode ser enganoso. Nesta tarefa, pedimos que os alunos formulem as próprias perguntas sobre frações usando imagens co-

* N. de R.T. No original, conexão com o CCSS: 5.NF.2 (ver nota na página 45).

mo inspiração. Eles naturalmente farão perguntas que envolvem área e quantidade de objetos. Por exemplo, poderão perguntar: que fração da praia tem lixo? Essa pergunta indaga sobre a fração da área da praia. Também poderão perguntar: que fração dos botões é azul? A diferença entre estimativa como parte de um todo e estimativa como parte de um conjunto proporcionará uma ótima discussão.

Na ampliação da tarefa, os alunos poderão criar as próprias imagens para usar estimativas com frações. Ficarão entusiasmados com o desafio, e encorajamos você a lhes dar acesso a uma variedade de objetos, materiais e lugares para planejar e tirar fotos. Os alunos podem usar coleções que você já tem, tais como uma caixa com canetinhas misturadas, ou criar conjuntos de objetos organizados. Talvez precisem criar essas exposições no chão para que possam visualizá-las de pé e obter as melhores vistas para fotografar. Como alternativa, poderão aproveitar painéis naturais, como livros na biblioteca, materiais organizados em um armário, coleções de equipamentos esportivos ou alunos no refeitório. O elemento-chave é que as duplas fiquem intrigadas com a imagem capturada e queiram utilizá-la para propor e responder à própria pergunta sobre estimativas com frações. Entendemos isso como parte do desenvolvimento da disposição para ver o mundo e refletir matematicamente.

ATIVIDADE

Abertura

Inicie a tarefa relembrando aos alunos o trabalho de estimativas com frações do papel removido dos flocos de neve. Diga que agora as estimativas com frações serão feitas de maneira diferente, a partir de perguntas sobre um tema.

Mostre aos alunos uma das imagens para estimativas com frações, como as apresentadas na Figura 2.5. Peça que conversem com um colega sobre o que observam na foto – nesse momento é necessário que eles apenas entendam a imagem e percebam algumas das partes –, e que compartilhem o que observaram.

Depois, pergunte que questões sobre estimativas com frações eles poderiam formular para a figura. Elas podem ser do tipo: "Qual a fração aproximada...?". Dê aos alunos outra oportunidade para conversarem com um colega e peça que compartilhem as perguntas sobre a figura e registrem as ideias em um cartaz.

Diga aos alunos que criarão as próprias perguntas sobre frações e trabalharão para desenvolver estratégias para fazer estimativas das respostas. Lembre-os de que apenas uma estimativa aproximada é suficiente, não havendo necessidade de exatidão.

Explore

Disponibilize cópias das folhas da atividade Imagem para estimativas com frações, fita

Fonte: Shutterstock.com/Viktor Gladkov

Fonte: Shutterstock.com/wponpai

Figura 2.5 Imagens para estimativas com frações.

adesiva, cartazes e canetinhas. As duplas escolhem uma foto com a qual gostariam de iniciar a atividade e a utilizam para elaborar algumas perguntas sobre estimativas com frações. Alguns alunos talvez queiram começar pela foto que você compartilhou com as perguntas da turma.

Depois disso, as duplas trabalham em conjunto para desenvolver estratégias para responder algumas perguntas. Elas devem documentar o processo e talvez queiram anexar a foto e registrar as perguntas no cartaz. As duplas devem estar prontas para explicar e justificar seus procedimentos.

Os alunos podem querer explorar muitas fotos, gerando novas perguntas para cada uma delas. Eles podem experimentar as estratégias que já desenvolveram nessas fotos e criar outras. Para cada foto que explorarem, deverão criar um novo cartaz para documentar as perguntas e as soluções.

Discuta

Peça que as duplas pendurem os cartazes pela sala de aula. Você pode agrupar os cartazes que exploram a mesma foto. Dê aos alunos adesivos de círculos em duas cores, como amarelo e azul. Solicite que as duplas façam um passeio pela sala de aula para examinar os pôsteres que cada um criou. Enquanto circulam, os alunos usam as duas cores de adesivos para marcar (1) as perguntas mais interessantes que os grupos formularam e (2) os procedimentos que gostariam de discutir ou sobre os quais gostariam de receber explicações.

Reúna os alunos para discutir os resultados do passeio pela sala de aula e as reflexões sobre os trabalhos. Discuta as seguintes questões:

- Que perguntas interessantes sobre estimativas com frações os grupos formularam? (Você pode destacar as perguntas sobre as quais os alunos colaram os círculos coloridos e perguntar por que eles acharam que elas foram interessantes. Celebre a variedade de questões que os alunos formularam.)
- Que estratégias vocês inventaram? A respeito de quais estratégias vocês gostariam de saber mais? (Talvez os alunos queiram compartilhar as estratégias, ou talvez você queira usar os trabalhos com os círculos coloridos para selecionar estratégias específicas para os alunos compartilharem.)
- Que conexões vocês percebem entre as diferentes estratégias usadas?
- Vocês usaram diferentes estratégias para diferentes perguntas? Quando estratégias diferentes foram úteis?
- Em que aspectos essas estratégias foram semelhantes ou diferentes daquelas que usamos com os flocos de neve?

Amplie

As duplas trabalham juntas para criar as próprias imagens para estimativas com frações usando objetos da sala de aula ou do ambiente escolar. Você pode pedir que os alunos voltem a olhar as fotos oferecidas nesta tarefa e que observem as características que as fizeram ser adequadas para estimativas com frações. Por exemplo, as imagens contêm objetos individuais ou muitos elementos para serem contados; também incluem alguma variação entre esses elementos individuais, tais como diferentes cores, formas, medidas, quantidades ou modelos. Os tipos de características tornam as fotos particularmente adequadas para fazer perguntas sobre estimativas com frações.

Ofereça às duplas uma câmera fotográfica ou telefone celular. Desafie os alunos a projetar, preparar e capturar uma foto sobre a qual estariam interessados em fazer perguntas sobre estimativas com frações. Facilite o acesso a materiais na sala de aula, como materiais manipulativos, livros e objetos de escritório, com os quais possam fazer fotos interessantes. Talvez eles queiram tirar fotos pela escola, como de livros nas prateleiras da biblioteca ou de ladrilhos de um corredor. Incentive a criatividade e a variedade e estimule o entusiasmo dos alunos com as imagens que criarem.

Depois que as duplas tirarem as fotos, precisarão de um meio para visualizá-las em um tamanho adequado. Pode ser na tela de um *tablet* ou computador ou impressa em papel. Peça que os alunos elaborem perguntas sobre a foto e tentem respondê-las. Você pode deixar as fotos disponíveis para as outras duplas explorarem, perguntando e tentando responder às próprias perguntas.

Após a atividade, você pode discutir com os alunos quais foram as fotos e perguntas mais interessantes e como fizeram para respondê-las.

Fique atento

- **Os alunos estão estimando quantidade ou medida?** Depois das atividades com o floco de neve, os alunos já terão experiência em fazer estimativas pensando sobre área ou quantidades. Algumas perguntas que os alunos poderão fazer sobre essas figuras se concentrarão na área (que fração do espaço na foto é ocupada por um objeto) e outras se concentrarão na quantidade (que fração dos objetos tem uma propriedade particular). Estimar considerando a área e estimar considerando a quantidade de objetos envolvem diferentes formas de pensamento e necessitam de diferentes estratégias. Os alunos poderão fazer suposições sobre quantidade com base na área, como presumir que há o mesmo número de objetos grandes e objetos pequenos porque cada um ocupa metade do espaço.
- **Como os alunos estão fazendo estimativas?** Os alunos poderão estimar examinando a imagem inteira ou usando uma parte dela. Para imagens uniformes, uma amostragem faz bastante sentido. Seria mais fácil encontrar uma fração de um canto da imagem e pressupor que ela se aplica a toda a figura. Mas se a imagem não for uniforme, os alunos precisarão desenvolver outras formas de explicar a variação.

Reflita

Sobre que perguntas a respeito de frações você está refletindo agora? Que tipos de questões você gostaria de investigar caso pudesse fazê-las fora da escola?

IMAGEM PARA ESTIMATIVAS COM FRAÇÕES

IMAGEM PARA ESTIMATIVAS COM FRAÇÕES

IMAGEM PARA ESTIMATIVAS COM FRAÇÕES

IMAGEM PARA ESTIMATIVAS COM FRAÇÕES

IMAGEM PARA ESTIMATIVAS COM FRAÇÕES

IMAGEM PARA ESTIMATIVAS COM FRAÇÕES

IMAGEM PARA ESTIMATIVAS COM FRAÇÕES

USANDO EQUIVALÊNCIA DE FRAÇÕES

A equivalência de frações é o centro de qualquer trabalho com frações. Depois que os alunos aprendem a determinar frações equivalentes, poderão somá-las e subtraí-las, multiplicá-las e dividi-las com mais facilidade. O importante é que, ao trabalhar equivalência de frações, os alunos entendam a principal ideia contida nas frações: a de uma relação entre numerador e denominador. Os alunos costumam ficar confusos com frações, o que é natural, já que existem diferentes regras para adição, subtração, multiplicação e divisão. Um erro comum que costumam cometer quando adicionam frações é somar os numeradores e os denominadores: $\frac{1}{7} + \frac{2}{7} = \frac{3}{14}$, por exemplo. Eles têm a tendência a cometer erros como esse quando aprendem frações como um conjunto de regras em vez de como ideias fundamentais. Uma das ideias mais importantes que precisam entender quando se deparam com frações é que uma fração representa um número, não dois, e que o número provém de uma relação entre o numerador e o denominador. Não determinamos se uma fração é grande ou pequena pelo "tamanho" do numerador; temos de saber qual a relação entre numerador e denominador. Uma fração com numerador 50 poderá ser considerada pequena se o denominador for 1000 ($\frac{50}{1000}$), e será considerada maior se o denominador for 60 ($\frac{50}{60}$). Os alunos geralmente aprenderam a lidar com frações como se elas fossem dois números separados, portanto, faz sentido adicionar $\frac{1}{7}$ a $\frac{2}{7}$ e obter $\frac{3}{14}$. Mas se estiverem pensando em $\frac{1}{7}$ como uma relação e $\frac{2}{7}$ como outra, poderão observar que, juntas, as duas frações somam quase $\frac{1}{2}$ e estão longe de $\frac{3}{14}$. É por isso que a ideia de uma relação é tão essencial para a compreensão das frações, embora, em geral, seja omitida no ensino.

Ao pensar sobre frações como uma relação, os alunos poderão entender equivalência de frações com mais facilidades, que é a ideia fundamental desse conjunto de atividades. Na atividade **Visualize**, oferecemos aos alunos um conjunto de pinturas e enigmas. Questões similares podem ser usadas com outras pinturas e diagramas. A ideia principal da atividade é proporcionar aos alunos uma experiência intuitiva de pensar sobre denominadores e identificar algumas das diversas conexões entre matemática e arte.

Na atividade **Brinque**, os alunos assumem o papel de detetives, procurando padrões em diferentes pinturas, explorando quais delas podem ser genuínas e quais são falsas, levando em consideração representações fracionárias. Isso dá a eles (esperamos!) um motivo interessante para usar a compreensão de frações que está se desenvolvendo. Encoraje-os a serem flexíveis no uso de frações e a sempre valorizarem os momentos em que estão tendo dificuldades e cometendo erros, já que eles são os mais importantes para o desenvolvimento do cérebro.

Na atividade **Investigue**, os alunos recebem a questão aberta de dividir quadrados em diferentes áreas coloridas para mostrar as diferenças entre as frações. Será sempre positivo encorajá-los a experimentar maneiras diferentes de encontrar soluções. Isso os ajuda a entender que qualquer questão matemática pode ser resolvida com diferentes métodos e que isso faz parte da beleza da disciplina. Os alunos também usarão cores, o que ajuda a tornar as ideias matemáticas visuais e interessantes. Você pode fazer uma exposição das soluções interessantes e coloridas em sala de aula, aproveitando-as para, durante o ano letivo, revisitar as ideias.

Jo Boaler

DECIFRANDO PINTURAS

Visão geral

Explorando cores usadas na arte geométrica, os alunos desenvolvem a compreensão da equivalência de frações para visualizar a necessidade de denominadores comuns quando se adicionam e subtraem frações.

Conexão com a BNCC*

EF06MA07, EF06MA10

Planejamento

Atividade	Tempo	Descrição/Estímulo	Materiais
Abertura	10 min	Apresente aos alunos trabalhos de arte geométrica e algumas pinturas inspiradas pelo trabalho dos artistas.	• Exemplos de pinturas geométricas. • Três pinturas inspiradoras: Pilhas, Ninhos e Retalhos.
Explore	20-30 min	As duplas desenvolvem maneiras de encontrar a fração da área de uma pintura recoberta por duas ou mais cores.	• Folhas das atividades • Pilhas, Ninhos e Retalhos, uma por dupla.
Discuta	15 min	Discuta os métodos que os alunos desenvolveram para adicionar frações representadas pelas diferentes cores. Indique a razão para usar peças do mesmo tamanho (um denominador comum) ao adicioná-las.	• Cartaz e canetinhas.

Para o professor

Esta atividade começa pelo exame de exemplos de trabalhos artísticos geométricos que você pode encontrar em *sites* de museus ou em livros de arte. É possível encontrar exemplos marcantes entre as obras de Piet Mondrian, Frank Stella e Ellsworth Kelly, cujo trabalho inspirou as imagens desta tarefa.** Caso os alunos nunca tenham visto esse tipo de obra, você pode dedicar algum tempo para examinar exemplos e falar sobre o que eles percebem sobre o uso das formas, das cores e das linhas. Vale a pena o tempo dedicado a encorajar os alunos a observar o trabalho e a fazer conexões entre arte e matemática.

A ideia matemática central nesta tarefa é a necessidade de usar unidades de mesma medida quando se juntam grupos distintos. No caso das frações, a unidade é a fração unitária de determinado denominador. Os alunos usarão as pinturas como base para deci-

* N. de R.T. No original, conexão com o CCSS: 5.NF.1 – Adicionar e subtrair frações com denominadores diferentes (incluindo números mistos), substituindo as frações dadas por frações equivalentes de modo a produzir uma soma ou diferença de frações equivalentes com denominadores iguais. Por exemplo, $\frac{2}{3} + \frac{5}{4} = \frac{8}{12} + \frac{15}{12} = \frac{23}{12}$. (Em geral, a/b + c/d = (ad + bc)/bd.); 5.NF.2 (ver nota na página 45).

** N. de R.T. No acervo da arte concreta brasileira poderão ser identificadas composições de padrões geométricos em obras de artistas como Alfredo Volpi, Waldemar Cordeiro, Geraldo de Barros e Judith Lauand, entre outros.

dir qual é a unidade e explorar por que ter a mesma unidade para as diferentes cores é importante para juntá-las. Alguns alunos podem primeiramente unir as cores e depois determinar uma unidade; outros podem pensar sobre cada cor separadamente e então tentar uni-las. Em cada um dos casos, eles descobrirão que encontrar uma unidade comum é essencial para adicionar frações. Eles podem não ter o vocabulário para nomear o que estão fazendo – de fato, "encontrar um denominador comum" parece ser um trabalho mecânico. A atividade é concebida para proporcionar aos alunos uma experiência intuitiva na qual podem se basear para entender que "encontrar um denominador comum", na verdade, significa encontrar uma unidade que possa ser usada para determinar ambas as frações, algo que podem observar nas pinturas. Nomear esse conceito de maneira matemática é algo que encorajamos você a fazer durante a discussão, depois que os alunos perceberem a necessidade de usar unidades iguais.

ATIVIDADE

Abertura

Inicie a atividade apresentando aos alunos alguns exemplos de pintura geométrica, como o trabalho de Mondrian, Stella ou Kelly. Esses artistas usam formas e cores para expressar diferentes sentimentos e para criar equilíbrio. Diga aos alunos que alguns exemplos de pinturas inspiradas nesses artistas serão examinados e, em seguida, mostre as três pinturas para a tarefa: Pilhas, Ninhos e Retalhos. Para cada uma delas, queremos que descubram que fração da pintura é ocupada por partes pintadas por duas ou mais cores juntas. Explique que cada pintura tem uma pergunta escrita abaixo dela e certifique-se de que os alunos compreenderam que estão procurando a fração da pintura que é ocupada pelas duas (ou três) cores juntas. As perguntas foram adaptadas se você estiver trabalhando com imagens em escalas de cinza.

Explore

Os alunos trabalham em duplas e escolhem uma pintura para começar. Cada uma tem seu próprio enigma:

- Para Pilhas: que fração da pintura é amarela e laranja?*
- Para Ninhos: que fração da pintura é roxa e verde juntas?
- Para Retalhos: que fração da pintura é colorida (vermelha, azul e amarela)?

Ofereça aos alunos cópias da pintura que escolheram. Eles devem registrar as ideias de modo que possam compartilhar e justificar as respostas. Encoraje-os a usar sentenças numéricas para rotular o trabalho que fizerem. Incentive as duplas a resolver todos os enigmas que puderem e a pensar sobre as diversas maneiras de explicar as respostas que encontraram, de maneira que a turma fique convencida delas.

Discuta

Reúna os alunos e discuta as perguntas. Certifique-se de registrar as estratégias em um cartaz ou nas próprias pinturas usando um projetor de imagens. Ter um registro compartilhado das estratégias e de como podemos rotulá-las com frações será útil para trabalhos futuros.

- Como vocês abordaram a solução dos problemas? Que estratégias desenvolveram?
- Como vocês nomearam a fração para cada cor de modo que pudessem juntá-las? Como as frações equivalentes ajudaram?

* N. de R.T. Essa pergunta pode ser entendida como: Que fração representa a parte da pintura com as cores amarela e laranja, juntas?

- Como vocês rotularam o trabalho com sentenças numéricas? Há alguma outra sentença numérica que poderia ser usada para representar a sua estratégia?
- O que vocês fizeram para resolver os problemas?

Na discussão, certifique-se de que fique clara a ideia de usar um denominador comum ou pensar em peças de mesma área. Nomear o trabalho dos alunos com frações, frações equivalentes e sentenças numéricas serve para formalizar essa ideia. Se os alunos não nomearam o próprio trabalho, pergunte à turma como isso poderia ser feito.

Fique atento

- **Como os alunos estão rotulando o trabalho?** Os alunos podem subdividir as pinturas e contar as peças, depois rotular a resposta final, sem escrever uma sentença numérica para nomear o que fizeram. Encoraje-os a retomar o trabalho e encontrar uma sentença numérica que possa representar com exatidão o que fizeram para juntar as partes com as duas cores. Alguns podem pensar nesses problemas como subtração – subtraindo do todo a área das partes pintadas com outras cores –, enquanto outros podem pensar nesses problemas como a reunião das partes com as cores. Em cada um dos casos, uma sentença numérica irá ajudá-los a nomear o que fizeram e a formalizar a relação entre as diferentes frações que estão usando.
- **Como os alunos estão lidando com as frações com numeradores diferentes?** É possível que os alunos nomeiem as frações envolvidas na tarefa usando diferentes denominadores e depois não saibam como proceder. Por exemplo, na pintura Ninhos, alguns talvez observem que os dois quadrados que contêm verde e roxo representam $\frac{1}{2}$ da pintura, e só o que precisam fazer é subtrair os dois quadrados vermelhos, que são $\frac{1}{100}$. Com esses denominadores diferentes, a observação, mesmo útil, deixaria os alunos em um impasse. Encoraje-os a voltar para a pintura e pensar de que outras formas poderiam usar a imagem para ajudá-los. Por exemplo, no caso de Ninhos, você pode perguntar: como vocês podem remover essas duas pequenas peças vermelhas da parte maior da pintura? Se cada parte vermelha é $\frac{1}{100}$, como usar essa informação para ajudá-los a descobrir o que falta? Ou quanto representam as partes verdes e roxas? Outros nomes de frações podem ser usados para essas partes de modo que ajudem os alunos na subtração.

Reflita

Por que os denominadores têm importância quando adicionamos ou subtraímos frações?

PILHAS

Inspirado em *Red, Yellow, Blue*, de Ellsworth Kelly, 1963.

Que fração da pintura é amarela e laranja?*

* N. de R.T. Ver nota na página 68. As perguntas das próximas folhas de atividades para os alunos podem ser entendidas com base na mesma ideia: Que fração de toda a pintura (figura) representa a parte colorida com as cores citadas?

PILHAS

Inspirado em *Red, Yellow, Blue*, de Ellsworth Kelly, 1963.

Que fração da pintura é branca (1) e cinza-clara (2)?

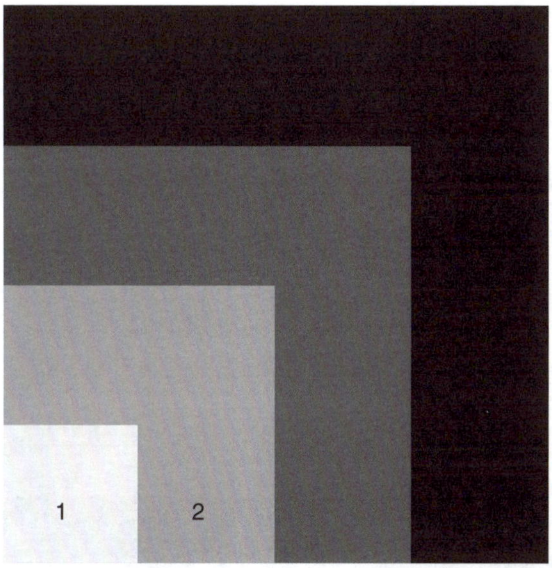

NINHOS

Inspirado em *Double Concentric: Scramble*, de Frank Stella, 1971.

Que fração da pintura é roxa e verde?

NINHOS

Inspirado em *Double Concentric: Scramble*, de Frank Stella, 1971.

Que fração da pintura é branca (1) e cinza-escura (2)?

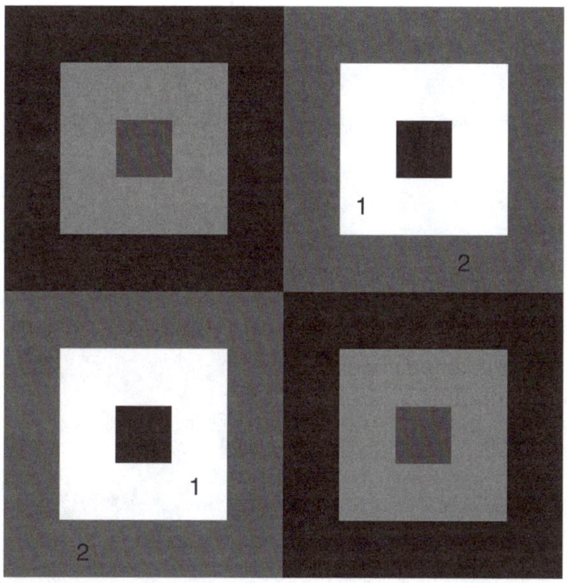

RETALHOS

Inspirado em *Composition II in Red, Blue, and Yellow*, de Piet Mondrian, 1921.

Que fração da pintura é vermelha, azul e amarela?

RETALHOS

Inspirado em *Composition II in Red, Blue, and Yellow*, de Piet Mondrian, 1921.

Que fração da pintura é cinza-escura (1), cinza médio (2) e cinza-clara (3)?

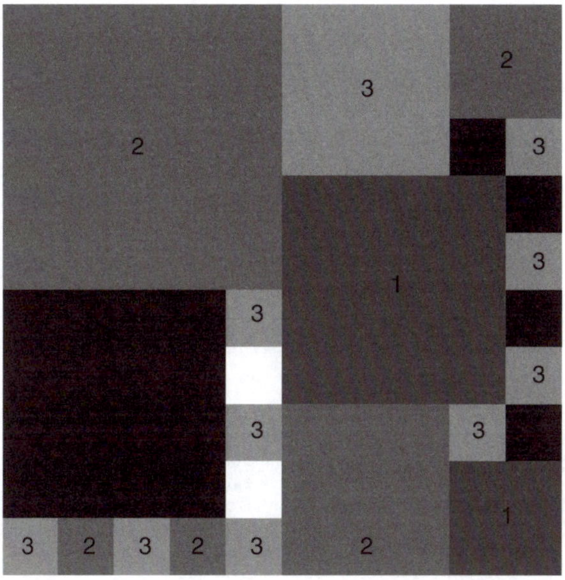

FAÇA UMA IMITAÇÃO

Visão geral

Desenvolvendo o trabalho com adição e subtração de frações com arte geométrica, os alunos criam imitações "boas" e "aproximadas" de pinturas de Mondrian. A turma faz um trabalho de detetive para encontrar as imitações aproximadas, com mais de $\frac{1}{2}$ coloridas.

Conexão com a BNCC*

EF06MA07, EF06MA10

Planejamento

Atividade	Tempo	Descrição/Estímulo	Materiais
Abertura	10 min	Mostre aos alunos alguns exemplos das pinturas geométricas de Mondrian da década de 1940 e peça que examinem em que aspectos elas são semelhantes e diferentes da pintura Retalhos, uma imitação de Mondrian usada na atividade **Visualize**. Desafie-os a criar uma imitação melhor.	• Exemplos de pinturas de Mondrian. • Folha da atividade Retalhos.
Explore	30 min	As duplas trabalham em conjunto para modificar a pintura Retalhos ou criar a própria imitação de modo que inclua branco, preto, vermelho, amarelo e azul, e para que a parte colorida componha não mais do que $\frac{1}{2}$ da pintura – uma "boa imitação". Os alunos também criam uma "imitação aproximada" – uma pintura com um pouco mais do que $\frac{1}{2}$ colorida. A turma analisa as pinturas.	• Uma Folha da atividade Retalhos por dupla. • Papel pontilhado, várias folhas por dupla. • Lápis de cor. • Folhas da atividade Analisando a nossa imitação, duas por dupla.
Discuta	20+ min	Em um passeio pela sala de aula, os alunos fazem um trabalho de detetive nas pinturas que a turma criou, tentando descobrir as imitações "boas" e as "aproximadas". Discuta as descobertas e o que tiveram que considerar na criação das imitações.	• Pinturas dos alunos penduradas pela sala. • Opcional: etiquetas adesivas.

Para o professor

As pinturas geométricas de Piet Mondrian, particularmente as que usam regiões retangulares de branco, preto, vermelho, amarelo e azul, constituem a essência desta atividade. Encorajamos você a encontrar alguns exemplos dessas pinturas para compartilhar com os alunos no início da tarefa, em *sites* de museus ou em livros de arte. Sugerimos os trabalhos da década de 1940, tais como *Broadway Boogie-Woogie* (1942), *Composition London* (1940-1942), *New York City I* (1942) e *Composition Nº 10* (1942).

O trabalho matemático desafiador nesta atividade é justificar por que as partes com as

* N. de R.T. No original, conexão com o CCSS: 5.NF.1 (ver nota na página 67); 5.NF.2 (ver nota na página 45).

três cores reunidas são menos ou um pouco mais do que $\frac{1}{2}$ da pintura. Incentive os alunos a desenvolver a própria compreensão da área ocupada pelas partes com as cores no papel (malha) pontilhado (1cm × 1cm) (veja o Apêndice), então nomeie a fração que cada cor representa e como essas frações se relacionam com mais ou menos de $\frac{1}{2}$ da pintura. Os alunos podem precisar de lembretes para pensar a respeito de frações equivalentes e usá-las para justificar as adições de frações que não têm um denominador comum. Sempre que possível, faça conexões com o trabalho da atividade **Visualize** para apoiá-los na tarefa.

ATIVIDADE

Abertura

Se possível, inicie a atividade mostrando aos alunos alguns exemplos de pinturas de Mondrian da década de 1940. Você pode pedir que conversem sobre o que observam nas pinturas. Colete as observações de alguns alunos, que podem notar as cores e as formas usadas, e em seguida mostre o exemplo com o qual trabalharam na atividade **Visualize**, a pintura Retalhos. Diga que não se trata de uma pintura real de Mondrian, mas que a ideia é que seja parecida com os trabalhos do artista, portanto, ela será pensada como uma imitação.

Peça que os alunos conversem sobre o que as imitações e as pinturas verdadeiras têm em comum e em que aspectos são diferentes. Solicite que compartilhem as ideias: eles podem notar que as paletas de cores são similares. Certifique-se de que percebem que as verdadeiras pinturas de Mondrian costumam conter bastante espaço em branco e que a imitação não tem, o que a torna ruim. Alguém que conhece o trabalho de Mondrian detectaria que ela não é verdadeira e que a tarefa de hoje é fazer uma imitação de boa qualidade.

Explore

Os alunos trabalham em duplas para criar uma imitação convincente da pintura de Mondrian. Eles podem decidir modificar a pintura falsa ou recomeçar e projetar uma nova, desde o início. Em geral as pinturas de Mondrian não têm mais do que $\frac{1}{2}$ em cores, o restante é em preto e branco. Para fazer uma imitação de boa qualidade, os alunos precisam fazer uma pintura que use azul, amarelo e vermelho de modo que essas cores não ocupem mais do que $\frac{1}{2}$ da pintura. Depois que criarem a imitação, peça que respondam às perguntas a seguir na folha da atividade Analisando a nossa imitação:

- Que fração da pintura cada cor ocupa?
- Como vocês determinaram que as três cores juntas são menos do que $\frac{1}{2}$ da pintura? Prove os resultados visualmente e com números.

Depois que os alunos fizerem uma boa imitação e a analisarem, peça que façam uma imitação aproximada, em que as cores ocupem apenas um pouco mais do que $\frac{1}{2}$, e a analisem em uma segunda folha.

Discuta

Antes da discussão com toda a turma, peça que os alunos pendurem as pinturas pela sala, tanto as imitações de boa qualidade quanto as aproximadas. Certifique-se de que as boas imitações e as aproximadas estejam misturadas. As duplas devem circular pela sala, como em um passeio por uma galeria de arte, e observar várias pinturas para verificar se elas obedecem as restrições. Essa é uma imitação de boa qualidade? Pergunte: vocês conseguem identificar as imitações aproximadas? Os alunos precisam estar prontos para comprovar suas impressões. Você pode fornecer etiquetas adesivas para que marquem as evidências – e as próprias conclusões, imitação de boa qualidade ou imitação aproximada – ao lado de cada pintura.

Depois que os alunos tiverem a chance de fazer o trabalho de detetives, reúna-os para uma discussão sobre quais pinturas são imitações de boa qualidade e quais simplesmente não funcionam e como determinaram a diferença. Se houver discordâncias, reserve um tempo para discutir evidências de ambos os lados.

Em seguida, discuta como os alunos se organizaram para fazer as pinturas:

- Sobre o que vocês pensaram quando estavam fazendo as imitações – tanto as de boa qualidade quanto as aproximadas?
- Como vocês usaram as frações para ajudá-los enquanto planejavam e criavam as pinturas?

Em todas as discussões, chame atenção para ideias sobre equivalência de frações que ajudem os alunos a adicionar e a subtrair.

Fique atento

- **Os alunos estão pensando em frações ou em quadrados?** Os alunos podem usar a unidade do papel pontilhado ou a imitação da pintura original, descobrir quantos quadrados existem e então simplesmente pensar sobre quantos quadrados pintar ou deixar em branco. Embora essa estratégia funcione, pode ser difícil para os alunos completarem a análise da sua pintura, na qual precisam justificar por que as frações que representam as partes com as três cores somam menos do que $\frac{1}{2}$ de toda a pintura. Desafie-os a reestruturar o raciocínio sobre a pintura em termos de frações para ajudá-los a justificar o que criaram – em vez de começar tudo de novo. Saber quantos quadrados existem os coloca a um passo de determinar qual é a fração unitária, o que, por sua vez, irá ajudá-los a nomear a fração de uma região.
- **Como os alunos estão escrevendo sentenças numéricas para representar e comprovar o trabalho?** Essa é uma parte importante da aprendizagem desta tarefa, em que os alunos conectam o trabalho visual com representações de frações mais abstratas. Eles talvez achem difícil adicionar as frações se elas forem nomeadas com denominadores diferentes, como $\frac{13}{100}$, $\frac{1}{10}$ e $\frac{1}{4}$. Relembre os trabalhos da atividade **Visualize**, fazendo referência aos cartazes que criaram nessa tarefa. Você pode perguntar: como as frações equivalentes poderiam ajudar a calcular? Quais frações equivalentes seriam úteis?
- **Como os alunos estão justificando se uma fração é maior ou menor que $\frac{1}{2}$?** Muitos alunos têm dificuldade para estimar o valor aproximado de frações usando referências, mesmo as bem conhecidas, como $\frac{1}{2}$. Caso encontrem uma fração como $\frac{47}{100}$, terão dificuldade para relacioná-la com $\frac{1}{2}$, e poderão ter ainda mais dificuldade se o denominador for ímpar, como $\frac{12}{25}$. Pergunte: que parte da pintura seria colorida se representasse exatamente $\frac{1}{2}$? Como isso ajuda a pensar se a sua fração é maior ou menor que $\frac{1}{2}$? Alguns alunos, particularmente os que trabalham com um denominador ímpar, podem desenhar e marcar $\frac{1}{2}$ claramente em uma figura que tenha o mesmo tamanho que a criada por eles, de modo que possam visualizá-las e compará-las.

Reflita

Se você tivesse que adicionar duas frações, como $\frac{3}{5}$ e $\frac{1}{6}$, no que deveria pensar para encontrar o resultado?

RETALHOS

Inspirado em *Composition II in Red, Blue, and Yellow*, de Piet Mondrian, 1921.

ANALISANDO A NOSSA IMITAÇÃO

Que fração da pintura é ocupada por cada uma das cores?

Como você determinou que as três cores juntas totalizam menos (ou um pouco mais) que $\frac{1}{2}$ da pintura? Comprove os resultados visualmente e com números.

QUADRADOS COM UMA DIFERENÇA

Visão geral

Os alunos usam a compreensão sobre equivalência, adição e subtração de frações para investigar o fracionamento de quadrados e comparar as regiões internas.

Conexão com a BNCC*

EF06MA07, EF06MA10

Planejamento

Atividade	Tempo	Descrição/Estímulo	Materiais
Abertura	10 min	Apresente aos alunos o fracionamento, pedindo que examinem um quadrado de 2 x 2 dividido em regiões menores. Use esse quadrado para descrever a investigação a ser feita.	• Folha da atividade Quadrado de 2 x 2. • Cartaz e canetinhas.
Explore	30+ min	As duplas investigam como fracionar os quadrados de diferentes medidas (2 x 2, 3 x 3... 10 x 10)** em retângulos e os colorem de modo que a diferença entre as regiões azul e amarela seja $\frac{1}{4}$. Os alunos tentam encontrar o maior número possível de soluções e identificam quais medidas de quadrados têm soluções e quais não têm.	• Folhas da atividade Grades quadradas, várias cópias por dupla. • Ladrilhos quadrados em amarelo, azul e outras cores.*** • Lápis de cor e canetinhas. • Papel pontilhado, quando necessário.
Discuta	15+ min	Discuta as descobertas dos alunos, incluindo estratégias, soluções e quais medidas de quadrados não apresentam soluções. Procure padrões que possam ajudá-los a entender o que funciona e por quê.	• Cartaz e canetinhas.
Explore	30+ min	Os alunos retornam à investigação, agora explorando a criação de uma diferença de $\frac{1}{3}$ entre as regiões amarela e azul. Quais medidas de quadrados permitem soluções agora? Que medidas de quadrados não permitem soluções e por quê? Os alunos continuam a investigação examinando outras diferenças com frações unitárias da sua escolha.	• Folhas da atividade Grades quadradas, várias cópias por dupla. • Ladrilhos quadrados em amarelo, azul e outras cores. • Lápis de cor e canetinhas. • Papel pontilhado, quando necessário.

(Continua)

* N. de R.T. No original, conexão com o CCSS: 5.NF.1 (ver nota na página 67); 5.NF.2 (ver nota na página 45).

** N. de R.T. Os fatores das multiplicações apresentadas pelas autoras referem-se ao número de unidades de medida de comprimento dos lados do quadrado correspondente. Por exemplo, a multiplicação 2 × 2 indica duas unidades de comprimento em cada lado do quadrado ou um quadrado com lados medindo duas unidades de comprimento. As autoras usam essa notação simplificada em todo o livro.

*** N. de R.T. O termo *ladrilho* aqui se refere a pequenas peças plásticas coloridas, em formato de quadrados, que podem ser utilizadas para recobrir partes da malha quadriculada.

(*Continuação*)

Atividade	Tempo	Descrição/Estímulo	Materiais
Discuta	20+ min	Crie uma exposição da turma das diferentes soluções para todas as medidas de quadrados e as diferenças correspondentes às frações $\frac{1}{3}$, $\frac{1}{4}$ e outras que os alunos investigaram. Use essa exposição para discutir os padrões e determinar por que apenas alguns quadrados servem para determinada fração.	• Exposição das soluções criadas pela turma.

Para o professor

Nessa investigação, os alunos explorarão o fracionamento de quadrados em regiões retangulares, colorindo-as de modo que haja determinada diferença entre duas regiões, a azul e a amarela. Começamos com uma diferença de $\frac{1}{4}$ e prosseguimos investigando outras frações unitárias como diferenças. Os alunos observam quadrados de diferentes medidas, começando com um quadrado de 2×2 até um de 10×10. Essa investigação envolve reflexão sobre frações equivalentes e diferenças entre frações, além de fatores e múltiplos de um número natural. É essencial começar a investigação com clareza, já que ela envolve pensar sobre frações e área de forma diferente da que os alunos provavelmente fizeram no passado. Certifique-se de que entendem que estão procurando criar uma *diferença* de $\frac{1}{4}$, o que significa dizer que a área de uma região é $\frac{1}{4}$ maior (ou menor) do que a área de outra. Os alunos não conseguirão identificar $\frac{1}{4}$ na figura da forma como imaginam porque ela é a diferença entre as áreas de duas regiões, não as áreas das regiões em si. Pode ser útil apontar o exemplo dado na abertura e perguntar: onde está a diferença de $\frac{1}{4}$? Os alunos precisarão vê-la como a parte da área da região azul que é maior do que a área da região amarela. Um parâmetro adicional que precisa estar claro é que os alunos devem fracionar os quadrados ao longo das linhas da grade, o que significa que as medidas dos lados das regiões precisam ser expressas por números inteiros. Todas as medidas de quadrados funcionam se os alunos ignorarem as linhas da grade; usando as linhas da grade, exploramos em profundidade a equivalência das frações e a sua utilidade.

A investigação levará no mínimo dois dias, e você não deve ter pressa. Os alunos trabalharão em ritmos diferentes e precisarão de tempo para coletar evidências suficientes para começar a perceber padrões. Alguns podem ter ideias próprias para ampliar a investigação, como, por exemplo, explorar quadrados maiores (digamos, 11×11 ou 12×12). Se eles reunirem evidências suficientes para identificar alguns padrões que desejam explorar, encorajamos você a permitir que estendam a investigação. Quanto mais investigarem e quanto maiores forem as dimensões dos quadrados, mais grades quadradas de papel precisarão.

ATIVIDADE

Abertura

Inicie a atividade dizendo aos alunos que há muito tempo os matemáticos vêm estudando como fracionar – cortar uma forma em partes menores – uma região de maneira que o todo seja o resultado da adição das frações que representam as áreas das partes originadas pela partição. Vamos examinar como fracionar quadrados de modo que haja uma diferença particular entre as áreas de duas regiões no seu interior. Vejamos o exemplo de um quadrado de 2×2 que foi fracionado em retângulos.

Pergunte: qual é a diferença entre a fração da área azul e a da área amarela?* Proporcione um momento para os alunos conversarem com um colega. Certifique-se de que estão pensando em frações do todo, em vez de em número de quadrados (ou seja, $\frac{1}{2}$ - $\frac{1}{4}$, em vez de 2 - 1).

Mostre aos alunos os quadrados vazios após a folha da atividade Quadrado de 2 × 2. Pergunte: de que outra maneira poderíamos fracionar o quadrado a fim de que a diferença entre as áreas azul e amarela ainda seja de $\frac{1}{4}$? Diga que o quadrado tem 2 × 2 e que, para o trabalho de hoje, é necessário fracionar usando números inteiros de unidades. Dê aos alunos um momento para conversar com um colega e depois pergunte sobre suas ideias, reunindo-as em um quadro. É importante usar esse exemplo como um recurso para os alunos fazerem um *brainstorm* e encontrarem outras possibilidades antes de dar início ao trabalho de investigação. Eles talvez percebam que podem dividir a porção azul em dois quadrados menores e a diferença entre as áreas das regiões nas cores amarelo e azul permanece a mesma, ou que podem trocar a cor da região maior (ou seja, o amarelo pode ocupar $\frac{1}{2}$ do quadrado e o azul pode ser $\frac{1}{4}$).

Proponha aos alunos que fracionem quadrados de várias maneiras transformando-os em áreas retangulares e decidindo como colori-las de modo que a diferença entre a fração azul e a fração amarela ainda seja de $\frac{1}{4}$. Pergunte: de que outras formas podemos fazer isso? Quantas soluções podemos encontrar? Podemos encontrar soluções para quadrados de qualquer medida?

Explore

Distribua aos alunos ladrilhos quadrados (azuis e amarelos, e pelo menos mais uma cor), folhas da atividade Grades quadradas, papel pontilhado e lápis de cor e canetinhas. Os alunos trabalham em duplas para investigar o seguinte: como você pode fracionar quadrados de diferentes medidas de lados em retângulos e colori-los de modo que a diferença entre as áreas amarela e azul seja de $\frac{1}{4}$?

- Quais são as diferentes maneiras pelas quais vocês podem resolver o problema?
- Que medidas de lados de quadrados podem servir?
- Que medidas de lados de quadrados não podem servir? Por quê?

Encoraje os alunos a atribuir títulos às diferentes soluções com sentenças numéricas para ajudá-los a lembrar o que estavam pensando. Eles trabalharão com vários quadrados, e os títulos vão ajudá-los a organizar, recordar e relatar o trabalho.

Discuta

Reúna os alunos para discutir as diferentes soluções que encontraram para uma diferença de $\frac{1}{4}$. Em um quadro, escreva as soluções, observações, padrões e perguntas gerados pelos alunos durante a primeira parte da investigação.

- Como vocês pensaram sobre as frações para encontrar uma diferença de $\frac{1}{4}$?
- Que diferentes maneiras encontraram para fracionar os quadrados?
- Quais padrões vocês usaram para ajudá-los? Quais padrões você perceberam?
- Para quais medidas de lados de quadrados vocês encontraram soluções? Para quais medidas não encontraram soluções? Por que vocês acham que isso ocorreu?

Em seguida, pergunte aos alunos: o que vocês acham que aconteceria se, em vez disso, tentassem fazer uma diferença de $\frac{1}{3}$ ou alguma outra fração unitária? Você acreditam que ha-

* N. de R.T. As autoras apresentam, em todo o livro, frases formuladas de modo simplificado em relação à linguagem matemática. Nesse caso, referem-se à diferença entre a fração que representa a área da região azul e a fração que representa a área da região amarela.

veria soluções para quadrados de mesma medida? Dê aos alunos um momento para conversar com um colega para fazer previsões, depois apresente a próxima parte da investigação.

Explore

Peça que as duplas investiguem quais soluções conseguem encontrar para fracionar quadrados de diferentes medidas de lados e transformá-los em retângulos, colorindo-os de modo que a diferença entre as regiões azul e amarela seja de $\frac{1}{3}$.

- Quais são as diferentes maneiras de resolver o problema?
- Que medidas de lados de quadrado podem servir?
- Em que aspectos as soluções são semelhantes às encontradas para $\frac{1}{4}$? Em que aspectos são diferentes? Por quê?

Os alunos poderão investigar outras frações unitárias, tais como $\frac{1}{5}$ ou $\frac{1}{6}$, a fim de procurar padrões nas soluções. Pergunte: vocês conseguem predizer as medidas dos lados dos quadrados que servirão para obter uma fração antes de começar? Para cada fração unitária que os alunos investigarem, peça que registrem as descobertas em uma folha da atividade Grades quadradas ou em papel pontilhado para ajudá-los a organizar as soluções para compartilhar. Veja as Figuras 3.1 e 3.2 como exemplos de trabalhos. Nossa folha da atividade Grades quadradas termina com quadrados de 10 × 10, mas os alunos talvez queiram ampliar a investigação em quadrados com lados de maiores medidas, o que poderão fazer desenhando os próprios quadrados em papel pontilhado.

Discuta

Reúna os alunos com as soluções de cada um. Como eles já terão investigado vários resultados para as diferenças entre frações, você precisará criar uma maneira de unir todas

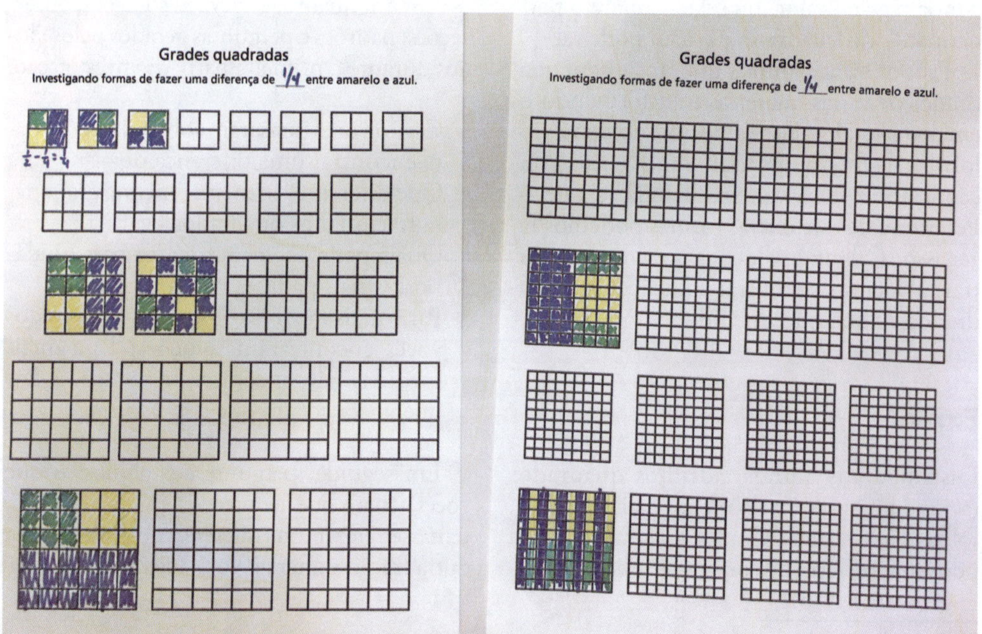

Figura 3.1 Trabalho de aluno em andamento para encontrar uma diferença de $\frac{1}{4}$.

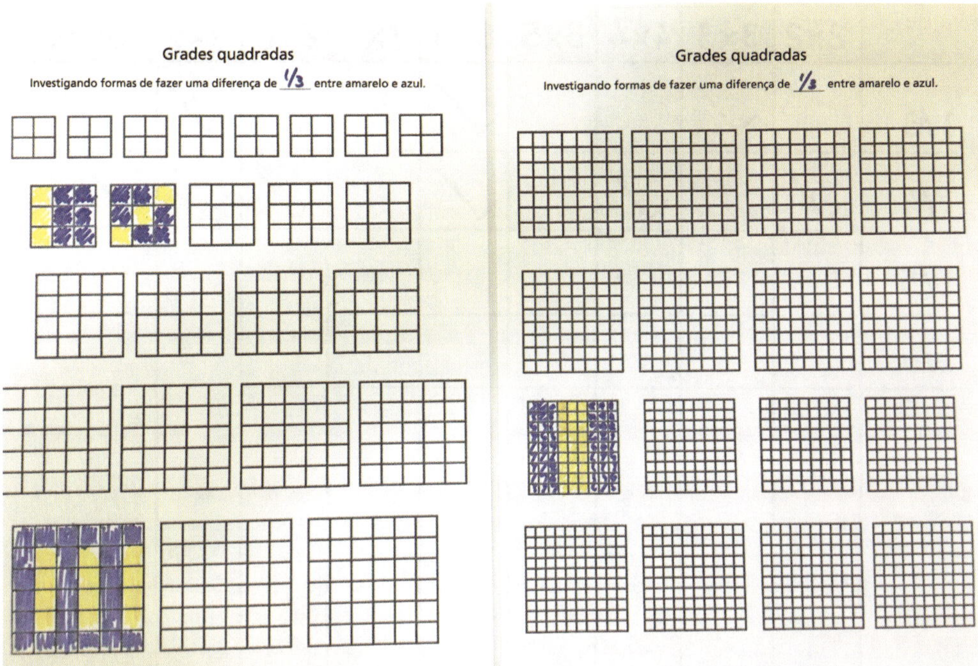

Figura 3.2 Trabalho de aluno em andamento para encontrar uma diferença de $\frac{1}{3}$.

as soluções que encontraram de modo que a turma possa procurar padrões entre elas. Sugerimos que você pergunte aos alunos como a turma pode organizar as descobertas para encontrar padrões sobre quais medidas de quadrados servem e quais não servem para se obter os resultados das diferenças entre as frações que investigaram. Ofereça apoio no desenvolvimento de um sistema de organização para a turma. Uma tabela em um quadro de avisos ou na parede pode ser útil, como mostra o exemplo na Figura 3.3.

Depois que você tiver o sistema de organização pronto, use-o para coletar as soluções dos alunos e descubra por que algumas medidas de quadrados são possíveis para algumas diferenças e outras não. Talvez você queira que os alunos reproduzam as soluções em pedaços recortados de papel pontilhado para que possam ser afixados de modo que todos vejam, o que pode ser usado para reconhecer as diversas soluções encontradas pelos alunos para uma determinada fração e medida de lado de quadrado. Isso também poderá servir como uma fonte de investigação adicional: por que algumas medidas de lados de quadrados permitem muitas soluções, enquanto outros permitem poucas? Se os alunos ainda não estiverem confiantes ou precisarem de mais dados, faça com que coletem mais informações por meio de investigação adicional.

Fique atento

- **Os alunos entenderam o que a fração representa nesse problema?** A ideia de fração como uma *diferença* é essencial para essa tarefa. Alguns alunos podem ter dificuldade com essa ideia porque, quando examinam um modelo de arte, esperam conseguir identificar $\frac{1}{4}$ sombreado em algum lugar; é assim que normalmente usamos modelos de área quando ensinamos frações. Mas, aqui, sugerimos que

	2x2	3x3	4x4	5x5	6x6	7x7	8x8	9x9	10x10
1/3		✓			✓			✓	
1/4	✓		✓		✓		✓		✓
1/5									
1/6									

Figura 3.3 Amostra de tabela para registro dos dados dos alunos.

$\frac{1}{4}$ é a diferença entre duas áreas, não uma região que os alunos podem tocar. Pode ser útil para alguns alunos pensar sobre isso como a área de uma região sendo $\frac{1}{4}$ mais do que a área de outra, ou que, se subtraírem a área da região menor da área da região maior, identificarão $\frac{1}{4}$ como resultado. Inicie essas conversas perguntando: o que significa dizer que existe uma *diferença* de $\frac{1}{4}$ entre o azul e o amarelo? Essa pergunta lhe ajudará a detectar confusão, caso exista, e você poderá esclarecer os parâmetros da tarefa.

- **Como os alunos estão começando?** Alguns alunos poderão projetar um quadrado fracionado e ter dificuldades para determinar como começar a colorir e ajustar as regiões de modo que a diferença entre as regiões azul e amarela seja de $\frac{1}{4}$ (ou outra fração que seja o seu objetivo). Encoraje-os a fracionar o quadrado de alguma maneira, a testar as ideias e a registrar os resultados usando sentenças numéricas. Esse registro irá ajudá-los a começar a perceber padrões que lhes possibilitem pensar antecipadamente sobre as frações que podem fazer sentido. Uma vez que estudantes comecem a visualizar padrões, eles continuarão a resolver enigmas também em outras situações. Por exemplo, alguns alunos pensarão primeiro sobre a região maior e depois irão retirar $\frac{1}{4}$ para ver o que resta. Outros pensarão em $\frac{1}{4}$, encontrarão uma fração equivalente para o tamanho do quadrado (digamos, $\frac{1}{4} = \frac{4}{16}$ para um quadrado de 4×4) e usarão isso para gerar pares de frações com $\frac{1}{4}$ de diferença. Essas estratégias somente surgem quando os alunos experimentam vários quadrados e usam as sentenças numéricas e os diagramas registrados nos que se aplicam, nos que se aproximam e nos que não se aplicam.
- **Como os alunos estão trabalhando com as tentativas?** Alguns podem tentar fracionar e colorir em uma grade, descobrir que a tentativa não funcionou e ficar frustrado por ter de recomeçar. Especialmente no

começo da investigação, quando os alunos costumam cometer vários erros e ainda podem estar tentando descobrir o que a atividade requer, eles podem recorrer ao uso dos pequenos ladrilhos quadrados em vez das grades. Os ladrilhos quadrados possibilitam que os alunos troquem com facilidade um deles por outro de cor diferente, de modo que os ajustes ocorram sem dificuldade. Peça que registrem as soluções que encontrarem e as tentativas que não deram certo e que acham que seriam evidências úteis de que um quadrado é impossível. À medida que ganham confiança, eles podem se movimentar por conta própria usando as grades.

- **Os alunos estão presos em um único quadrado (talvez sem uma solução)? Eles estão descartando os quadrados rapidamente como se fossem impossíveis?** Alguns podem ficar presos, buscando uma solução para um quadrado que não tem solução; outros podem fazer um esforço que não serve com um quadrado e então descartá-lo como impossível. As questões-chave aqui são: como você determinou que um quadrado nunca funcionará? Por que alguns quadrados não serviram para algumas diferenças de frações? Para alguns alunos, pensar sobre essas questões irá ajudá-los a perceber que existe uma barreira matemática real para encontrar uma solução e permitir que avancem. Para outros, você pode querer incentivá-los a persistir no quadrado até que reúnam evidências suficientes para terem certeza.
- **Como os alunos estão monitorando o próprio trabalho?** Os alunos trabalharão com quadrados de várias medidas de lados, procurando diferenças de $\frac{1}{4}$ e $\frac{1}{3}$ e talvez outras. Essa investigação gerará vários quadrados a serem monitorados, e alguns alunos podem ficar confusos sobre o que experimentaram, o que funcionou e o que não funcionou, como determinaram e que quadrados visavam a explorar as diferentes frações. Os títulos são imensamente úteis na organização do trabalho e para identificar os padrões. Encoraje-os a rotular o trabalho com a diferença entre frações que estão investigando e a nomear cada quadrado com uma sentença numérica. Eles precisam desenvolver alguma maneira de indicar as tentativas que não dão certo e as que são soluções úteis. Também devem fazer registros das tentativas que não dão certo porque podem servir para identificar os quadrados nos quais as diferenças entre frações não se verifica, e podem ser úteis quando comparam o próprio pensamento com o dos colegas.

Reflita

Onde você pode identificar frações equivalentes nessa investigação? Como elas podem lhe ajudar a pensar sobre os quadrados que servem e os que não servem para determinada diferença entre frações?

QUADRADO DE 2 X 2

GRADES QUADRADAS

Investigando maneiras de fazer uma diferença de ____ entre amarelo e azul.

GRADES QUADRADAS

Investigando maneiras de fazer uma diferença de ____ entre amarelo e azul.

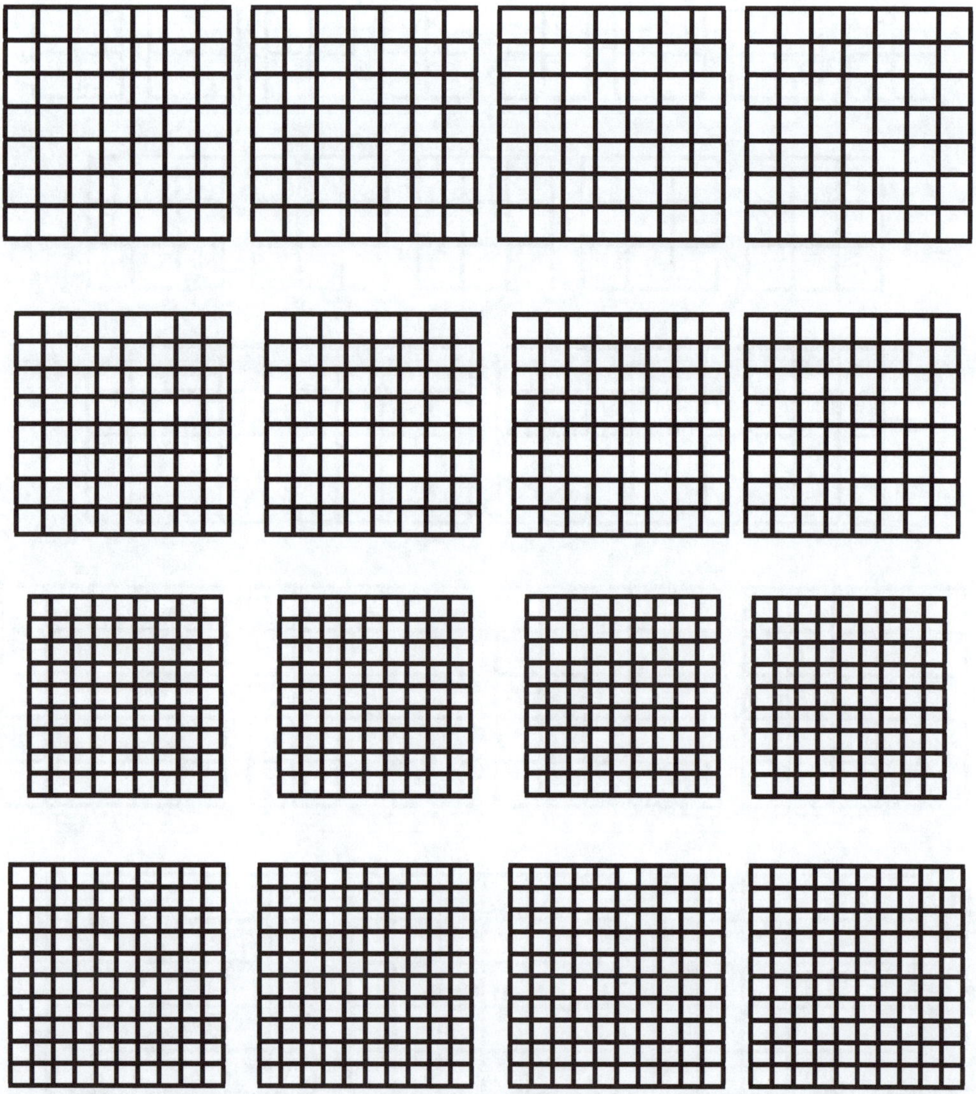

EXPLORANDO O SISTEMA DE COORDENADAS

Sistemas de coordenadas possibilitam explorar algo realmente interessante com a matemática: registrar, com um pequeno ponto, duas características de um objeto. Mas, assim como ocorre com todas as ideias matemáticas, quando um conceito é ensinado como um conjunto de regras sobre formas de registrar com exatidão, os alunos talvez percam o interesse. Uma forma proveitosa de apresentar sistemas de coordenadas aos alunos é fazê-los recorrerem a ideia principal sem utilizar números. A atividade que compartilhamos na etapa **Visualize** é uma tarefa que apresentamos aos alunos no curso de verão do Youcubed. Parte do filme de três minutos que demonstra o impacto do curso mostra os alunos trabalhando nessa atividade em quadros brancos: www.youcubed.org/resources/solving-math-problem.

Pedimos aos alunos que observassem um gráfico e, depois, a partir da escolha de um tema e das características que identificariam nos eixos, criassem outro gráfico. A atividade foi interessante e envolvente para os alunos e permitiu que se concentrassem no significado de representações gráficas em sistema de coordenadas, e não nos detalhes técnicos que viriam posteriormente.

Muitas ideias matemáticas podem ser compartilhadas em um sistema de coordenadas. O vídeo de conexões matemáticas (www.youcubed.org/resources/tourmathematical-connections) do Youcubed mostra as maneiras como as frações podem ser ilustradas em um plano de coordenadas para revelar as relações existentes entre elas. Em nossa investigação, convidamos os alunos a identificar e assinalar os padrões que viam na tabela de multiplicação apresentada em um sistema de coordenadas. Quando estávamos investigando a tabela de multiplicação e percebemos os arcos que são revelados quando colorimos o mesmo número que aparece em diferentes lugares (Figura 4.1), ficamos fascinadas, e achamos que os alunos também ficariam.

Para essa atividade, combinamos a tarefa de procurar padrões na tabela com a de traçá-los em um sistema de coordenadas. As atividades que compõem esta ideia fundamental convidam todos os alunos a pensar sobre o que está sendo representado no sistema de coordenadas, não apenas pontos traçados sem significado, e a se envolverem com os sistemas de coordenadas por meio de atividades interessantes sobre as quais precisarão refletir profundamente.

Na atividade **Visualize**, compartilhamos um gráfico com pontos localizados sem suas coordenadas numéricas, de modo que os alunos possam pensar sobre o que eles significam. Tivemos essa ideia a partir de um gráfico de frutas que Randall Munroe desenvolveu e Dan Meyer compartilhou e colocou no Desmos.* Essa é uma excelente maneira de apresentar os sistemas de coordenadas aos alunos. Depois de compartilhar um exemplo com eles, peça que elaborem suas próprias ideias e façam seu próprio gráfico com os quatro quadrantes.

* N. de R.T. Desmos é uma plataforma que visa a auxiliar alunos na aprendizagem matemática. É composta por calculadora, por *software* para construção de gráficos e também por uma série de atividades já elaboradas e disponíveis para exploração. Veja em: www.desmos.com/about (conteúdo em inglês).

Tabela de multiplicação

x	**1**	**2**	**3**	**4**	**5**	**6**	**7**	**8**	**9**	**10**	**11**	**12**	**13**	**14**	**15**	**16**
1	1	2	3	4	5	6	7	8	9	10	11	12	13	14	15	16
2	2	4	6	8	10	12	14	16	18	20	22	24	26	28	30	32
3	3	6	9	12	15	18	21	24	27	30	33	36	39	42	45	48
4	4	8	12	16	20	24	28	32	36	40	44	48	52	56	60	64
5	5	10	15	20	25	30	35	40	45	50	55	60	65	70	75	80
6	6	12	18	24	30	36	42	48	54	60	66	72	78	84	90	96
7	7	14	21	28	35	42	49	56	63	70	77	84	91	98	105	112
8	8	16	24	32	40	48	56	64	72	80	88	96	104	112	120	128
9	9	18	27	36	45	54	63	72	81	90	99	108	117	126	135	144
10	10	20	30	40	50	60	70	80	90	100	110	120	130	140	150	160
11	11	22	33	44	55	66	77	88	99	110	121	132	143	154	165	176
12	12	24	36	48	60	72	84	96	108	120	132	144	156	168	180	192
13	13	26	39	52	65	78	91	104	117	130	143	156	169	182	195	208
14	14	28	42	56	70	84	98	112	126	140	154	168	182	196	210	224
15	15	30	45	60	75	90	105	120	135	150	165	180	195	210	225	240
16	16	32	48	64	80	96	112	128	144	160	176	192	208	224	240	256

Na atividade **Brinque**, os alunos são convidados a interagir com um jogo semelhante a Batalha Naval, em que precisam pensar sobre pontos particulares no gráfico. Essa atividade divertida e envolvente é uma ótima maneira de lhes apresentar a localização precisa de pontos em um sistema de coordenadas. O jogo também oferece aos alunos a oportunidade de pensarem em estratégias e a você a chance de enfatizar o valor das escolhas e das estratégias por meio de *feedback*.

Na atividade **Investigue**, convidamos os alunos a fazer algo que sempre vale a pena matematicamente: explorar padrões na tabela de multiplicação. Os arcos mostrados no quadro anterior são apenas um tipo de padrão interessante que os alunos poderão descobrir e explorar. Também oportunizamos a possibilidade de ponderar sobre os aspectos em que a tabela de multiplicação é similar ou diferente do sistema de coordenadas. Isso lhes permitirá de perceber que o sistema de coordenadas transmite informações por meio de pontos localizados na intersecção das diferentes linhas da grade. Como em todas as atividades **Investigue**, esperamos que os alunos se sintam à vontade para explorar, procurar padrões matemáticos e ideias que sejam interessantes para eles.

Jo Boaler

APRESENTANDO O SISTEMA DE COORDENADAS

Visão geral

Os alunos exploram o significado do sistema de coordenadas interpretando e criando gráficos com quatro quadrantes, usando comparações qualitativas em vez de números nos eixos.

Conexão com a BNCC*

EF05MA14, EF05MA15, EF06MA16

Planejamento

Atividade	Tempo	Descrição/Estímulo	Materiais
Abertura	15 min	A turma examina um gráfico com quatro quadrantes mostrando meios de transporte, onde um eixo representa a velocidade (rápida vs. lenta) e o outro representa diversão (divertido vs. não divertido). Os alunos discutem suas interpretações do gráfico.	• Gráfico de transportes com quatro quadrantes para mostrar aos alunos. • Opcional: cópias do Gráfico de transportes com quatro quadrantes para as duplas, cartolina e canetinhas.
Explore	30 min	Os grupos criam seu próprio gráfico com quatro quadrantes em um cartaz, comparando as características do tópico escolhido por eles. Os integrantes devem concordar sobre onde colocar os dados no gráfico.	• Cartolina e canetinhas para cada grupo.
Discuta	15-20 min	Os grupos trocam os gráficos e discutem as interpretações dos trabalhos dos colegas. Os alunos marcam com etiquetas adesivas os pontos que suscitam questões ou provocam discordância. Os grupos, então, apresentam o gráfico que exploraram e as perguntas suscitadas. Discuta o que os gráficos possibilitam que os alunos explorem.	• Cartaz de cada grupo. • Etiquetas adesivas.

Para o professor

A atividade convida os alunos a pensar sobre as relações que podem ser comunicadas por um sistema de coordenadas. Embora os estudantes de 5º ano costumem ser convidados a trabalhar apenas com o primeiro quadrante e a posteriormente pensar em todos os qua-

* N. de R.T. No original, conexão com o CCSS: 5.G.1 – Utilizar um par de retas numéricas perpendiculares, chamadas eixos, para definir um sistema de coordenadas, com a interseção das retas (a origem) organizadas para coincidir com o 0 em cada linha e um dado ponto no plano localizado com um par ordenado de números, chamados suas coordenadas. Compreender que o primeiro número indica a quantidade de unidades percorridas desde a origem na direção de um eixo, e o segundo indica a quantidade de unidades percorridas na direção do segundo eixo, com a convenção dos nomes dos dois eixos e das coordenadas correspondentes (p. ex., eixo x e coordenada x, eixo y e coordenada y); 5.G.2 – Representar problemas matemáticos e do mundo real dispondo graficamente pontos no primeiro quadrante do sistema de coordenadas e interpretar os valores das coordenadas dos pontos no contexto da situação.

tro quadrantes, achamos que faz mais sentido primeiro proporcionar uma experiência com o sistema de coordenadas como um todo. Para assegurar que os alunos se concentrem nas relações – não em números inteiros –, a tarefa consiste nos eixos sem as medidas. No exemplo do gráfico usado na abertura, uma dimensão (velocidade), pode ser quantificada, mas optamos por expressá-la qualitativamente como rápida ou lenta. A outra dimensão (diversão), não pode ser medida e é subjetiva. A natureza qualitativa e quantitativa dessas medidas poderá gerar discordância produtiva e discussão sobre a representação de dados individuais. Os alunos também poderão discutir onde, no plano, colocamos, por exemplo, o metrô, dependendo do quanto é incomum ou típico, excitante ou comum para eles usar esse meio de transporte. Essa é uma ótima oportunidade para os alunos se envolverem com os significados em um sistema de coordenadas, em vez de simplesmente assinalar pontos.

ATIVIDADE

Abertura

Inicie a atividade apresentando aos alunos o Gráfico de transportes com quatro quadrantes em um projetor. Você pode distribuir cópias para eles examinarem com um colega. Sem explicar, peça que façam algumas observações, gerem interpretações e façam perguntas. Pergunte: o que vocês observam? O que o gráfico mostra? O que os pontos significam? Que ideias vocês têm ao observar o gráfico? Dê aos alunos algum tempo para conversarem com um colega e pensarem sobre o que o gráfico mostra. Enquanto eles discutem os significados no gráfico, registre as reflexões dos alunos em um cartaz ou anote no próprio gráfico. Certifique-se de envolver os alunos, incentivando-os a pensar sobre as relações que o gráfico comunica, que cada ponto mostra o quão rápido e o quão divertido é considerado o meio de transporte para a pessoa que criou o gráfico.

Depois que os alunos começarem a formar interpretações do gráfico, pergunte se há pontos dos quais discordam. Convide à discussão e ao debate. Você pode deter-se na análise do gráfico para refletir sobre pontos que a turma considera que deveriam ser deslocados do lugar em que estão. Se houver um meio de transporte usado pelos alunos (ou um que eles possam imaginar) que não esteja representado no gráfico, você pode pedir que discutam onde ele deve ser colocado e então acrescentar novos pontos ao gráfico.

Peça que os alunos observem como o gráfico é configurado e colete algumas observações. Os alunos devem notar que cada um dos dois eixos tem setas nas extremidades para orientar os sentidos opostos. Não deixe de conversar com os alunos sobre a necessidade de um tema e duas características, uma para cada eixo, com qualidades diferentes (tais como divertido vs. não divertido, rápido vs. lento). Antes de agrupá-los para que comecem a trabalhar, você pode oferecer uma oportunidade para que conversem com um colega e façam um *brainstorm* dos tipos de temas que poderiam ser colocados em um gráfico.

Explore

Os alunos trabalham em pequenos grupos para criar o próprio gráfico de quatro quadrantes usando diferentes títulos nos eixos e um tema diferente do que foi usado na abertura. Eles devem fazer um *brainstorm* antes de estabelecer um tema e ponderar sobre quais poderiam ser as características a serem comparadas. O grupo deve concordar em relação ao tema e às características antes de construir o gráfico.

Cada grupo construirá um gráfico em cartolina, registrando claramente o tema e os eixos. Peça que os alunos elaborem vários pontos para colocar no gráfico (p. ex., metrô, carro, bicicleta). Os integrantes do grupo devem estar de acordo quanto à colocação de cada ponto, podendo usar símbolos, como no gráfico dos transportes, ou pontos com os títulos ao lado.

Discuta

Os grupos trocam os gráficos uns com os outros. Enquanto fazem as trocas, peça que não compartilhem detalhes, exceto o que está no gráfico. Peça que observem o gráfico que receberam e discutam com o grupo como o interpretam. Distribua etiquetas adesivas para registro das interpretações do gráfico, das perguntas que tenham surgido e dos pontos dos quais discordam e por quê.

Cada grupo deve apresentar o cartaz que acabou de explorar (em vez daquele que fizeram). O grupo que está apresentando também compartilha perguntas sobre o gráfico. Deixe que o grupo que fez o gráfico faça algum esclarecimento no final.

Com a turma reunida, discuta as seguintes questões:

- O que um gráfico com quatro quadrantes possibilita comunicar? O que vocês podem aprender com esse tipo de gráfico?
- O que fez com que a colocação dos seus dados fosse difícil para o grupo? Que discordâncias surgiram?

Fique atento

- **Os alunos estão escolhendo temas com duas características claras para dar significado aos eixos?** Como os gráficos criados pelos alunos na atividade não têm valores numéricos para os eixos, suas escolhas devem permitir comparar características distintas. Apresentamos rápido vs. lento e divertido vs. não divertido, mas existem muitas outras possibilidades. Os alunos podem recorrer a comparações como delicioso vs. não delicioso, fácil vs. difícil ou impressionante vs. não impressionante.
- **Os alunos estão considerando a relação entre os eixos e a relação entre os pontos quando registram os dados?** Antes de inserir um dado no gráfico é preciso considerar cada orientação: esquerda ou direita, acima ou abaixo, extremo ou próximo do centro. No entanto, quando os alunos assinalam pontos no gráfico, também precisam considerar como cada novo ponto se encaixa comparado aos outros pontos que já estão no gráfico. Por exemplo, se os alunos estivessem registrando patins no gráfico dos transportes, precisariam levar em consideração não apenas se são rápidos, mas também o quão rápidos ou lentos eles são em relação a bicicletas. Observando os gráficos que os alunos constroem, faça perguntas sobre a inserção dos dados e questione a relação entre os pontos para encorajá-los a pensar sobre essas relações e revisá-las quando necessário.
- **Os alunos estão notando as relações quando interpretam os gráficos?** Os gráficos de quatro quadrantes comunicam uma rede de relações entre os dois eixos e entre os vários pontos. Quando os alunos estiverem examinando os gráficos feitos pelos colegas, encoraje-os a pensar sobre cada ponto e na relação de um com o outro. Essas relações poderão suscitar perguntas e discordâncias, que são formas úteis de se envolver com as ideias no gráfico.

Reflita

Que outros temas você gostaria de analisar em um gráfico de quatro quadrantes? Quais seriam os eixos? O que você gostaria de aprender com esse gráfico?

GRÁFICO DE TRANSPORTES COM QUATRO QUADRANTES

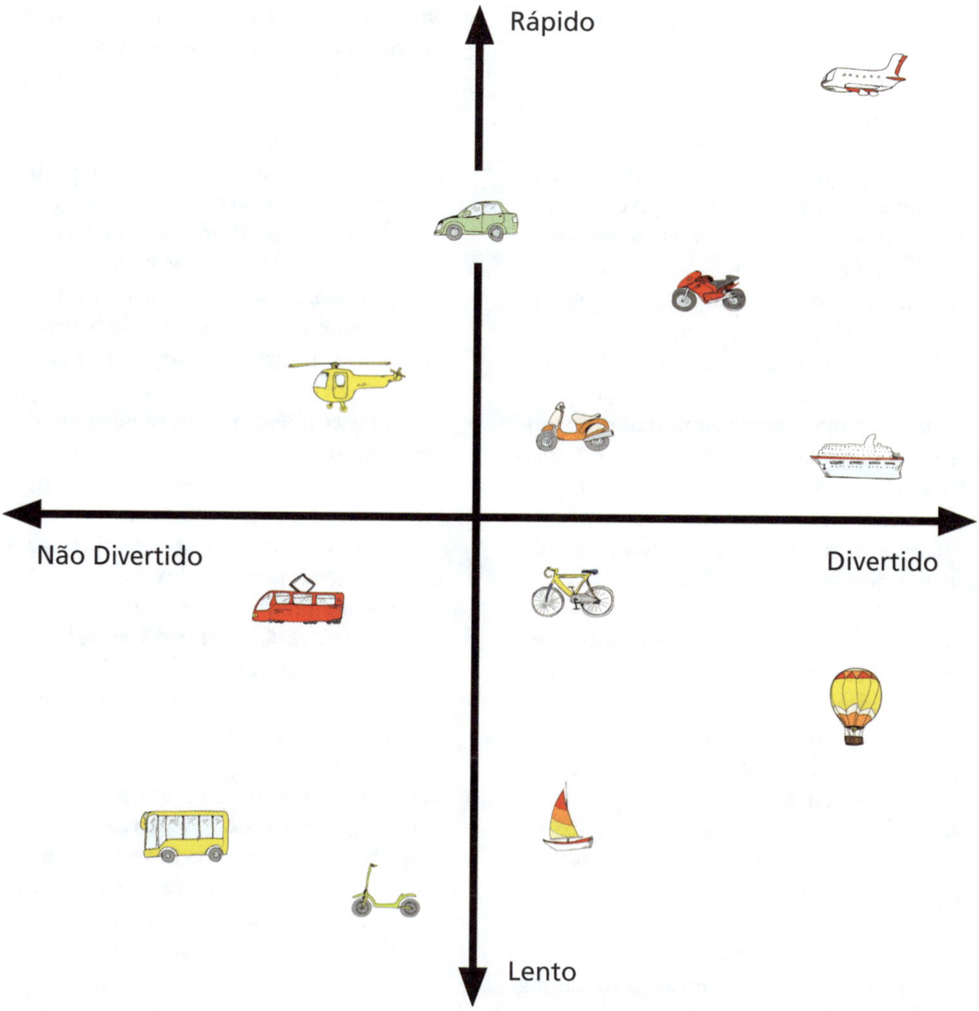

BATALHA DE FIGURAS PLANAS

Visão geral

Os alunos jogam com a descrição e a localização dos pontos – e as figuras que eles compõem – no primeiro quadrante do sistema de coordenadas em um jogo chamado Batalha de figuras planas.

Conexão com a BNCC*

EF05MA14, EF05MA15, EF06MA16

Planejamento

Atividade	Tempo	Descrição/Estímulo	Materiais
Abertura	15 min	Os alunos observam o desenho de um retângulo em um sistema de coordenadas e desenvolvem maneiras de descrever a sua localização. A turma concorda com descrições claras e precisas. Explique a notação de pares ordenados (*x, y*) e as instruções do jogo Batalha de figuras planas.	• Gráfico Onde está o retângulo?
Brinque	30 min	As duplas jogam Batalha de figuras planas, em que cada um "esconde" um grupo de figuras planas em seu próprio sistema de coordenadas e então se revezam tentando adivinhar onde essas mesmas figuras estão localizadas no sistema de coordenadas do colega.	• Folhas do jogo Batalha de figuras planas, duas por dupla para cada rodada. • Pastas de arquivo, uma por jogador.**
Discuta	10-15 min	Discuta as estratégias que os alunos desenvolveram para localizar as figuras e registrar os resultados dos palpites em seus sistemas de coordenadas.	
Amplie	30+ min	As duplas projetam e testam suas próprias folhas do jogo Batalha de figuras planas, com o objetivo de criar um conjunto de figuras mais interessante ou desafiador para jogar.	• Faça suas próprias folhas do jogo Batalha de figuras planas, muitas cópias por jogador. • Pastas de arquivo, uma por jogador.

Para o professor

No jogo Batalha de figuras planas, partimos do desenvolvimento de uma noção global das relações representadas nos quatro quadrantes do sistema de coordenadas na tarefa **Visualize** para observar mais de perto e com mais precisão o primeiro quadrante. Nesta tarefa, usamos a localização de figuras planas no sistema de coordenadas como um modo de introduzir a notação de pares ordenados para identificar a localização de pontos no plano. Os alunos também obtêm experiência atentando para os lados e ângulos de um grupo

* N. de R.T. No original, conexão com o CCSS: 5.G.1 e 5.G.2 (ver nota na página 93).

** N. de R.T. Pastas de arquivo podem ser substituídas por qualquer objeto que sirva para esconder as folhas do jogo dos integrantes da dupla.

de polígonos e experimentando geometria das transformações enquanto fazem a demarcação, deslizam e fazem a rotação das figuras.

Distribuímos duas folhas diferentes para o jogo, uma com quatro figuras e uma com seis. Recomendamos iniciar pelo tabuleiro com quatro figuras, e os alunos poderão passar para o tabuleiro com seis em rodadas posteriores. Também oferecemos uma folha do jogo em branco para ampliação, na qual as duplas criam e testam seus próprios tabuleiros. Se os alunos desenvolverem um conjunto de figuras geométricas que considerem interessante para o jogo, você pode fazer cópias dos tabuleiros para que outros alunos experimentem ou joguem outras vezes.

ATIVIDADE

Abertura

Inicie a atividade mostrando aos alunos o gráfico Onde está o retângulo? em um projetor. Pergunte: como podemos descrever a posição desse retângulo para alguém que não consegue ver o gráfico? Peça que conversem com um colega sobre essa questão. Então, escreva as descrições em um cartaz ou no quadro. Preste atenção quando os alunos usam os números nos eixos ou quando atentam para os vértices do retângulo para informar sua localização. Quando recorrem aos números nos eixos, pergunte por que eles escolheram essa maneira como uma forma clara de descrever a localização do retângulo ou de seus vértices. Você também pode perguntar por que os vértices ajudam a localizar o retângulo no gráfico. Essas duas ideias, de que os vértices descrevem a figura e que os eixos permitem localizar pontos, são essenciais para a tarefa e para o uso do sistema de coordenadas.

Você pode pedir que a turma examine todas as contribuições sobre como descrever a localização do retângulo e perguntar: quais dessas descrições é a mais clara? E a mais eficiente? Apresente para os alunos a convenção para a localização de pontos no sistema de coordenadas: (x, y). Experimente usar essa linguagem dando aos alunos três pontos: (2, 3), (6, 3) e (6, 5). Peça que eles discutam com um colega que tipo de triângulo seria formado por esses pontos e onde ele se localizaria no gráfico. Você pode convidá-los a se aproximar e colocar esses pontos no gráfico e observar a localização correta do triângulo.

Diga aos alunos que participarão de um jogo com um colega usando essa forma de localização de pontos e figuras no sistema de coordenadas. Apresente o jogo Batalha de figuras planas mostrando os materiais e descrevendo as instruções.

Brinque

Batalha de figuras planas é jogado em duplas. Cada aluno precisará de duas cópias da folha 1 do jogo Batalha de figuras planas e uma pasta de arquivo. As duplas precisarão se posicionar frente a frente com as pastas de arquivo de pé para manter as folhas do seu jogo escondidas.

Instruções do jogo

- Cada jogador recebe duas folhas, uma para registrar a sua caçada pelas figuras do colega e a outra para esconder suas próprias figuras. Cada um usa uma pasta de arquivo para separar os seus sistemas de coordenadas dos sistemas do outro.
- Antes de começar, cada jogador deve esconder todas as figuras planas apresentadas no lado direito da folha do jogo, desenhando-as no seu sistema de coordenadas. Os jogadores podem rotacionar as figuras quando as colocarem no gráfico, mas não podem mudar o tamanho ou a forma, e devem marcá-las claramente no sistema de coordenadas.
- Os jogadores começam a jogar de forma alternada, tentando adivinhar os pontos no

sistema de coordenadas, nos quais estão localizados os vértices de alguma das figuras geométricas. Eles devem usar a convenção (*x*, *y*) ao nomear os pontos.
  - Se for encontrado um vértice, o outro jogador diz: "Na mosca!".
  - Se for encontrado um ponto em um lado ou no interior da figura, o outro jogador diz: "Ping!".
  - Se o ponto estiver fora de qualquer figura, o outro jogador diz: "Errou!".
  - Quando todos os vértices de uma figura tiverem sido encontrados, o outro jogador diz: "Você encontrou meu triângulo [quadrado, trapézio etc.]".
- Os jogadores devem desenvolver maneiras de registrar os resultados das suas tentativas nas folhas.
- O primeiro a encontrar todas as figuras do colega será o vencedor.

Os alunos poderão jogar muitas rodadas, e precisarão de novas folhas do jogo para cada uma. Depois de jogarem com o desenho de quatro figuras, talvez queiram experimentar o tabuleiro com o desenho de seis figuras.

Discuta

Depois que os alunos tiverem a chance de jogar pelo menos uma rodada completa, reúna-os para discutir as seguintes questões:

- Que estratégias vocês encontraram para ajudar a encontrar as figuras?
- O que foi desafiador para encontrar as figuras no sistema de coordenadas?
- Como vocês registraram os resultados das suas adivinhações para monitorar onde as figuras poderiam ou não estar?

Amplie

Os jogadores podem criar o próprio conjunto de figuras usando Faça a sua própria folha do jogo Batalha de figuras planas. Pergunte: que tipos de figuras vocês conseguem fazer para deixar o jogo mais desafiador ou interessante? Os alunos talvez queiram criar e testar uma variedade de folhas para desenvolver um jogo interessante ou desafiador que outros possam jogar. Você pode fazer cópias dos projetos finais para que eles possam trocar com outros grupos.

Fique atento

- **Os alunos estão usando a notação (*x*, *y*) para nomear os pontos no sistema de coordenadas?** Enquanto os alunos nomeiam os pontos, preste atenção e observe-os registrando o *feedback* em seus tabuleiros. O uso de (*x*, *y*) nessa ordem é simplesmente uma convenção matemática, e não temos a expectativa de que os alunos sejam fluentes com ela de imediato. Eles talvez invertam a ordem, o que você perceberá se eles chamarem um valor de (*x*, *y*) e então marcarem em seu plano como (*y*, *x*). Esse é um caso em que faz sentido relembrá-los da notação referindo-se aos gráficos que criaram no início da atividade.
- **Os alunos estão mudando as figuras quando as desenham no sistema de coordenadas?** O jogo será muito mais interessante se os alunos fizerem uma rotação ou inverterem as figuras quando as desenharem no sistema de coordenadas antes de iniciar o jogo. Esse trabalho pode ser desafiador, uma vez que requer atenção às relações entre os vértices e ao reposicioná-los no sistema de coordenadas enquanto modificam a figura. Os alunos poderão cometer erros que mudam os ângulos ou o comprimento dos lados enquanto tentam desenhar as figuras. Encoraje-os a comparar a figura que desenharam com a original e pergunte como eles determinaram que as duas são congruentes.
- **Os alunos estão pensando estrategicamente sobre o *feedback* que receberam dos seus palpites?** Encoraje os alunos a

não fazer adivinhações aleatórias – às quais precisam recorrer no começo de cada jogo – e a pensar de maneira estratégica sobre seu próprio palpite. Cada tentativa deve dar a eles algum *feedback*, e qualquer palpite que receber um "Ping!" por estar em um lado ou dentro da figura deve levar em seguida a palpites mais aproximados. Quando localizam vértices, deverão ser capazes de levantar hipóteses sobre quais figuras podem ter encontrado e onde podem estar os outros vértices. Você poderá diminuir o ritmo do jogo e pedir que digam em voz alta o que eles determinaram e quais seriam as melhores tentativas de adivinhação. Este é um jogo em que revelar a sua estratégia ou ponderar em voz alta não compromete a chance de vencer porque as figuras já estão desenhadas e não podem ser movimentadas.

Reflita

Como você imagina as pessoas usando um sistema de coordenadas na vida real?

ONDE ESTÁ O RETÂNGULO?

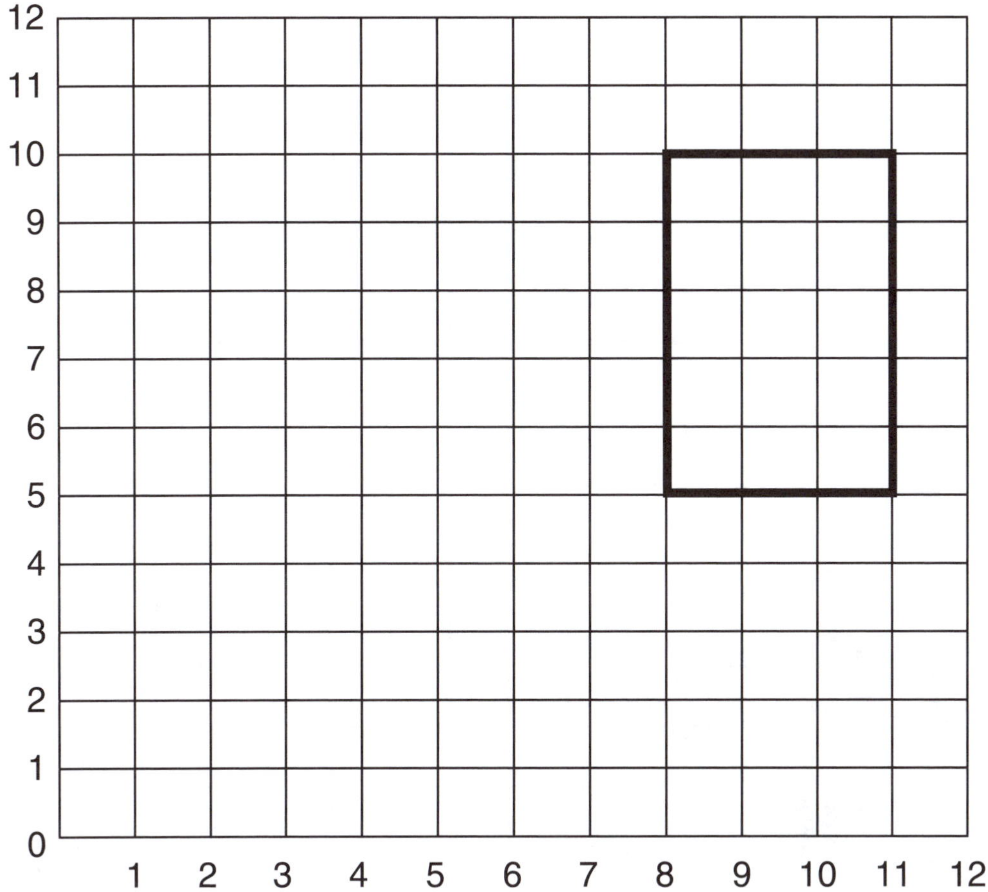

FOLHA 1 DO JOGO BATALHA DE FIGURAS PLANAS

Encontrou um vértice? Diga: “Na mosca!”.
Pousou nos lados ou dentro da figura? Diga: “Ping!”.
Pousou no plano vazio? Diga: “Errou!”.

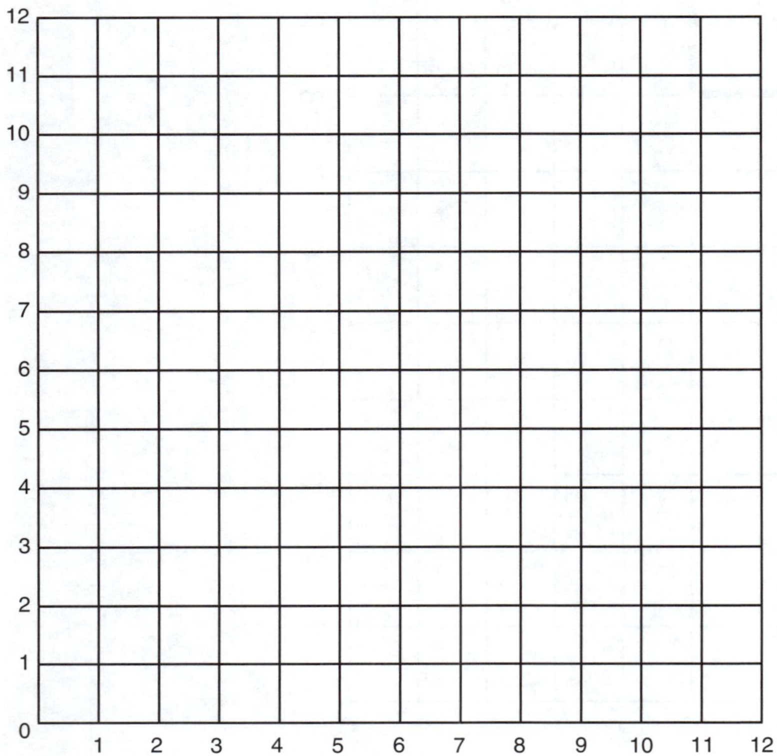

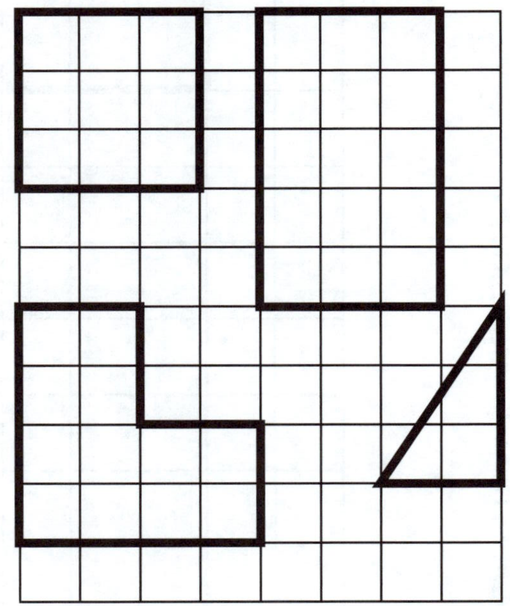

FOLHA 2 DO JOGO BATALHA DE FIGURAS PLANAS

Encontrou um vértice? Diga: "Na mosca!".
Pousou nos lados ou dentro da figura? Diga: "Ping!".
Pousou no plano vazio? Diga: "Errou!".

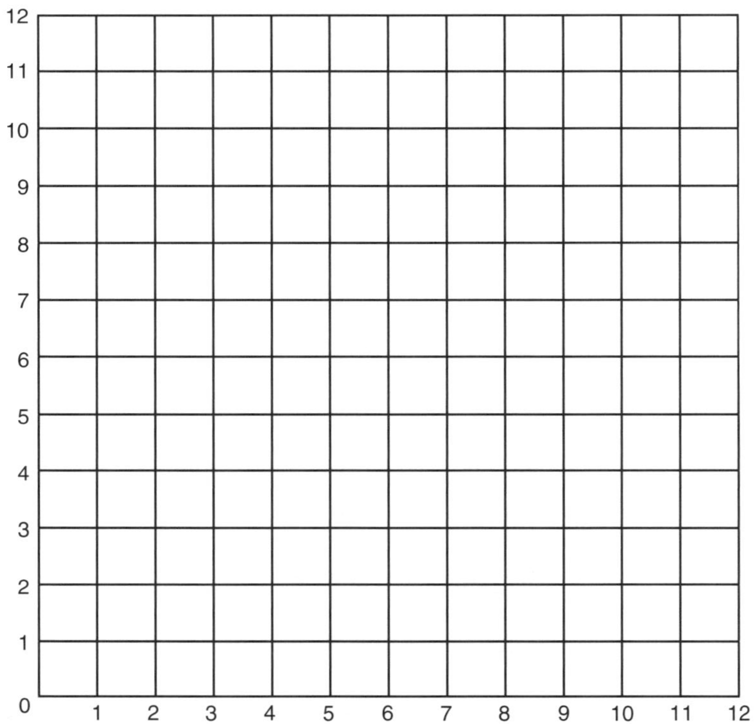

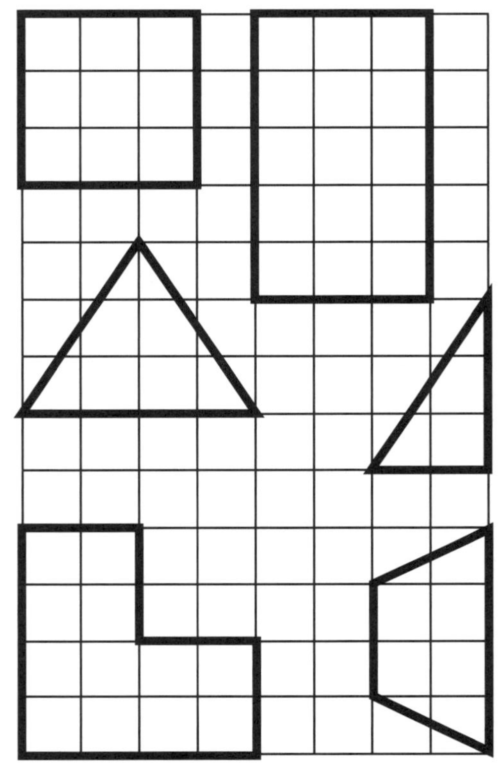

FAÇA A SUA PRÓPRIA FOLHA DO JOGO BATALHA DE FIGURAS PLANAS

Encontrou um vértice? Diga: “Na mosca!”.
Pousou nos lados ou dentro da figura? Diga: “Ping!”.
Pousou no plano vazio? Diga: “Errou!”.

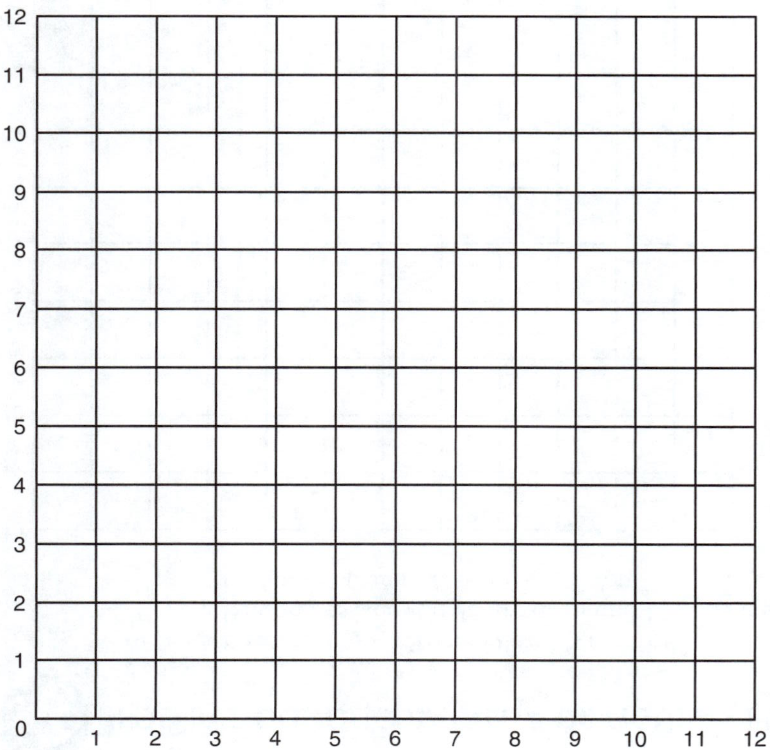

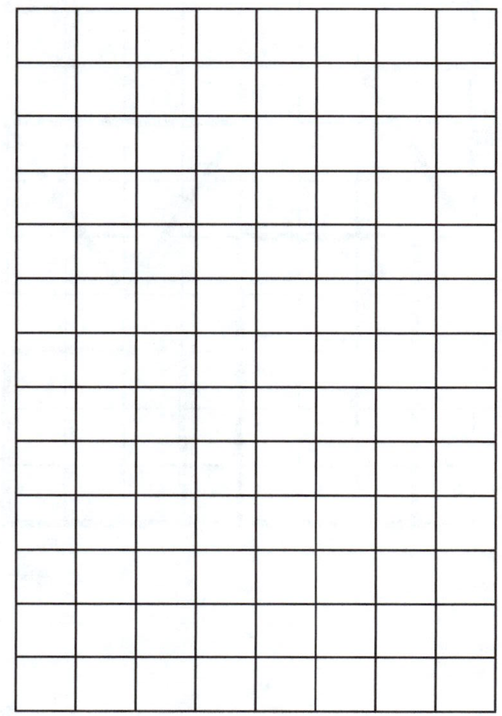

PADRÕES NA TABELA DE MULTIPLICAÇÃO

Visão geral

Os alunos exploram padrões na tabela de multiplicação e investigam o que acontece quando registram esses padrões em um gráfico no sistema de coordenadas.

Conexão com a BNCC*

EF05MA14, EF05MA15, EF6MA16

Planejamento

Atividade	Tempo	Descrição/Estímulo	Materiais
Abertura	5-10 min	Mostre uma tabela de multiplicação parcialmente completa e pergunte aos alunos quais são os padrões que observam. Colete as observações e destaque que vários números aparecem repetidamente, enquanto outros aparecem apenas uma ou duas vezes. Diga aos alunos que investigarão os números repetidos.	• Folha da atividade Tabela de multiplicação.
Explore	20 min	As duplas codificam por cores os padrões repetidos na tabela de multiplicação, ampliando-a para explorar padrões que eles criam na tabela.	• Folha da atividade Tabela de multiplicação, uma por aluno. • Lápis de cor ou canetinhas.
Discuta	15+ min	Discuta os padrões que os alunos encontraram nos números repetidos na tabela de multiplicação e suas conjecturas sobre eles. Compare a tabela de multiplicação com o sistema de coordenadas.	• Folhas da atividade Tabela de multiplicação codificada por cores pelos alunos. • Folha da atividade Tabela de multiplicação, para mostrar. • Folha da atividade Sistema de coordenadas, para mostrar.
Explore	20-30 min	As duplas investigam como mostrar no sistema de coordenadas os padrões que encontraram na tabela de multiplicação. Os alunos testam as conjecturas da turma encontradas na tabela de multiplicação.	• Trabalho dos alunos sobre as folhas da atividade Tabela de multiplicação. • Folha da atividade Sistema de coordenadas, uma por aluno. • Lápis de cor ou canetinhas
Discuta	15 min	Discuta como os alunos representaram os padrões da tabela de multiplicação no sistema de coordenadas e o que essa representação possibilita ver. Discuta as conjecturas testadas e como os pontos, produtos e a área estão relacionados.	

* N. de R.T. No original, conexão com o CCSS: 5.G.1 e 5.G.2 (ver nota na página 93).

Para o professor

Nessa investigação, fazemos conexões entre a tabela de multiplicação que os alunos já conhecem e o sistema de coordenadas. Os números que consideramos flexíveis são frequentes na tabela de multiplicação: 12, 24, 36, etc. Outros números aparecem apenas uma (como 25) ou duas (como 7) vezes. Nessa atividade, pedimos que os alunos explorem os números repetidos e como eles estão organizados fisicamente na tabela de multiplicação e posteriormente no sistema de coordenadas. Os arcos traçados sobre os números repetidos, como os apresentados na Figura 4.1, estão relacionados a produtos pares, que no sistema de coordenadas sempre estarão localizados próximos a um dos eixos nos quais encontraríamos um dos fatores.

Os alunos talvez não identifiquem os arcos inicialmente, e é provável que não estejam acostumados a desenhar linhas cruzando a tabela de multiplicação. Encoraje-os a pensar sobre a forma que fizerem, depois que já codificaram por cores os números repetidos. Eles poderão estar mais aptos a pensar sobre a forma quando passarem para o sistema de coordenadas, o que é algo que você poderá discutir com a turma.

Tabela de multiplicação

x	**1**	**2**	**3**	**4**	**5**	**6**	**7**	**8**	**9**	**10**	**11**	**12**	**13**	**14**	**15**	**16**
1	1	2	3	4	5	6	7	8	9	10	11	12	13	14	15	16
2	2	4	6	8	10	12	14	16	18	20	22	24	26	28	30	32
3	3	6	9	12	15	18	21	24	27	30	33	36	39	42	45	48
4	4	8	12	16	20	24	28	32	36	40	44	48	52	56	60	64
5	5	10	15	20	25	30	35	40	45	50	55	60	65	70	75	80
6	6	12	18	24	30	36	42	48	54	60	66	72	78	84	90	96
7	7	14	21	28	35	42	49	56	63	70	77	84	91	98	105	112
8	8	16	24	32	40	48	56	64	72	80	88	96	104	112	120	128
9	9	18	27	36	45	54	63	72	81	90	99	108	117	126	135	144
10	10	20	30	40	50	60	70	80	90	100	110	120	130	140	150	160
11	11	22	33	44	55	66	77	88	99	110	121	132	143	154	165	176
12	12	24	36	48	60	72	84	96	108	120	132	144	156	168	180	192
13	13	26	39	52	65	78	91	104	117	130	143	156	169	182	195	208
14	14	28	42	56	70	84	98	112	126	140	154	168	182	196	210	224
15	15	30	45	60	75	90	105	120	135	150	165	180	195	210	225	240
16	16	32	48	64	80	96	112	128	144	160	176	192	208	224	240	256

Figura 4.1 Arcos na tabela de multiplicação.

ATIVIDADE

Abertura

Inicie a tarefa mostrando aos alunos a folha da atividade Tabela de multiplicação completa. Pergunte: que padrões vocês observam na tabela? Reserve um tempo para que conversem com um colega e depois colete as observações sobre os padrões. Eles poderão observar a sequência de contagem na primeira coluna e linha ou a simetria da tabela, bem como notar os números quadrados perfeitos ao longo da diagonal principal. Colete todas as observações e dê aos alunos a oportunidade de se aproximarem e apontarem onde os padrões que veem são encontrados na tabela de modo que os outros possam vê-los também. Você pode marcar ou codificar a tabela por cores para mostrar os padrões indicados.

Diga aos alunos que um dos padrões na tabela é que alguns números aparecem várias vezes, enquanto outros aparecem apenas uma ou duas vezes. Explique que os números que parecem se repetir serão explorados e que os padrões formados na tabela serão investigados.

Explore

As duplas trabalham para codificar por cores os números que aparecem com frequência na tabela de multiplicação. Cada aluno precisará da sua própria folha da atividade Tabela de multiplicação, lápis de cor e canetinhas e devem investigar as seguintes questões:

- Que números aparecem com mais frequência na tabela? Codifique por cores os números repetidos.
- Esses números continuarão a se repetir? Amplie a tabela até onde desejar para investigar o que acontece além de 8 x 8.
- Como os números repetidos estão organizados na tabela?
- Que conjecturas vocês conseguem fazer sobre o que o padrão está mostrando e como acham que o padrão pode continuar?

Discuta

Reúna os alunos com suas tabelas codificadas por cores. Discuta as seguintes questões:

- Que números vocês encontraram repetidos na tabela quando a ampliaram?
- O que observaram sobre os padrões que esses números formam na tabela?
- Que conjecturas fizeram sobre o que o padrão está mostrando ou como o padrão pode continuar?

Depois que os alunos tiveram a oportunidade de compartilhar e talvez observar os arcos traçados sobre os números repetidos na tabela, apresente uma nova cópia da folha da atividade Tabela de multiplicação e uma cópia da folha da atividade Sistema de coordenadas. Pergunte: em que aspectos a tabela de multiplicação é como um sistema de coordenadas? Em que aspectos são diferentes? Dê aos alunos alguns momentos para conversar com um colega sobre as semelhanças e diferenças e convide-os a compartilhar suas observações. Você pode registrar o que eles observam nas duas folhas, fazendo conexões entre o que é compartilhado e destacando as diferenças.

Uma diferença fundamental que queremos que os alunos percebam é que os números na tabela de multiplicação se alinham com os espaços – os espaços em branco onde registramos os produtos –, mas, no sistema de coordenadas, os valores se alinham com as linhas da grade. Isso significa que, em um sistema de coordenadas, os números 3 e 6, por exemplo, vêm juntos, não dentro de uma quadrícula, mas na intersecção de duas linhas da grade. Se os alunos não indicarem isso, você pode perguntar em que aspectos os títulos nos eixos na tabela e o sistema são similares ou diferentes uns dos outros para encorajá-los a prestar atenção a essas características.

Pergunte aos alunos como podem representar no sistema de coordenadas os padrões dos números repetidos que encontraram na tabela de multiplicação. Você pode dar a eles um momento para conversar com o parceiro antes de lhes dar as instruções e começar a trabalhar.

Explore

Os alunos trabalham em duplas para investigar como representar no sistema de coordenadas os padrões dos números repetidos na tabela de multiplicação. Eles precisarão do trabalho da primeira exploração, cópias da folha da atividade Sistema de coordenadas, lápis de cor ou canetinhas. Enquanto descobrem como registrar no sistema de coordenadas os números repetidos, como 24, peça que pensem sobre como o sistema de coordenadas mostra 24. Pergunte: quando vocês registram este ponto no gráfico, onde está o 24?

Os alunos talvez queiram ampliar os gráficos para incluir os números e padrões que não exploraram na tabela de multiplicação ou testar as conjecturas apresentadas na discussão anterior. Encoraje-os a investigar, fazer as próprias perguntas e a testar as ideias.

Discuta

Reúna os alunos com os gráficos para discutir as seguintes questões:

- Que maneiras vocês encontraram para mostrar os padrões de multiplicação no sistema de coordenadas?
- O que o sistema de coordenadas nos possibilita ver? O que vocês observaram que não haviam notado antes?
- Que outros números repetidos localizaram? Em que aspectos os padrões eram semelhantes ou diferentes aos que já tínhamos visto?
- Olhem para um conjunto de números repetidos, por exemplo, 24. Como e onde o gráfico mostra o 24? Como os pontos (*x*, *y*) estão conectados ao produto? (Você pode destacar as observações que os alunos fizerem, como na Figura 4.2.)
- Alguém testou uma das conjecturas da turma? O que vocês encontraram? O padrão continuou como esperávamos? Em caso negativo, o que mudou? Por quê?

Fique atento

- **Como os alunos estão completando a tabela de multiplicação?** Alguns podem decidir preencher todos os números no começo, de modo a examinar a tabela inteira quanto a padrões repetidos, outros podem preencher a tabela em fragmentos, com a ideia de que pode haver um número repetido em uma área particular. Faça perguntas sobre como estão prevendo onde os números repetidos podem aparecer. Esses palpites são o começo das conjecturas.
- **Os alunos estão vendo a organização física dos números repetidos na tabela de multiplicação?** Talvez eles estejam acostumados a considerar a tabela de multiplicação somente como linhas e colunas de contagem e sejam menos experientes em examinar a tabela. Os alunos costumam estar familiarizados com a visualização do quadro das centenas, em que movimentar-se para a esquerda e para a direita, para cima e para baixo tem significado contável concreto. Encoraje-os a abordar o exame da tabela de multiplicação de uma forma similar. Como você se movimenta na tabela de um 24 até outro? É sempre da mesma maneira? Por que sim ou por que não? O padrão dos números 24 na tabela é o mesmo padrão dos números 36? Por que sim ou por que não? Incentive os alunos na sua curiosidade sobre a disposição desses números e qual o significado que define o padrão.
- **Os alunos estão localizando pontos no gráfico nas intersecções das linhas?** A localização dos produtos é diferente na tabela de multiplicação e no sistema de coordenadas. Estimule os alunos a observar como os eixos são nomeados de maneira diferente e o que isso significa para

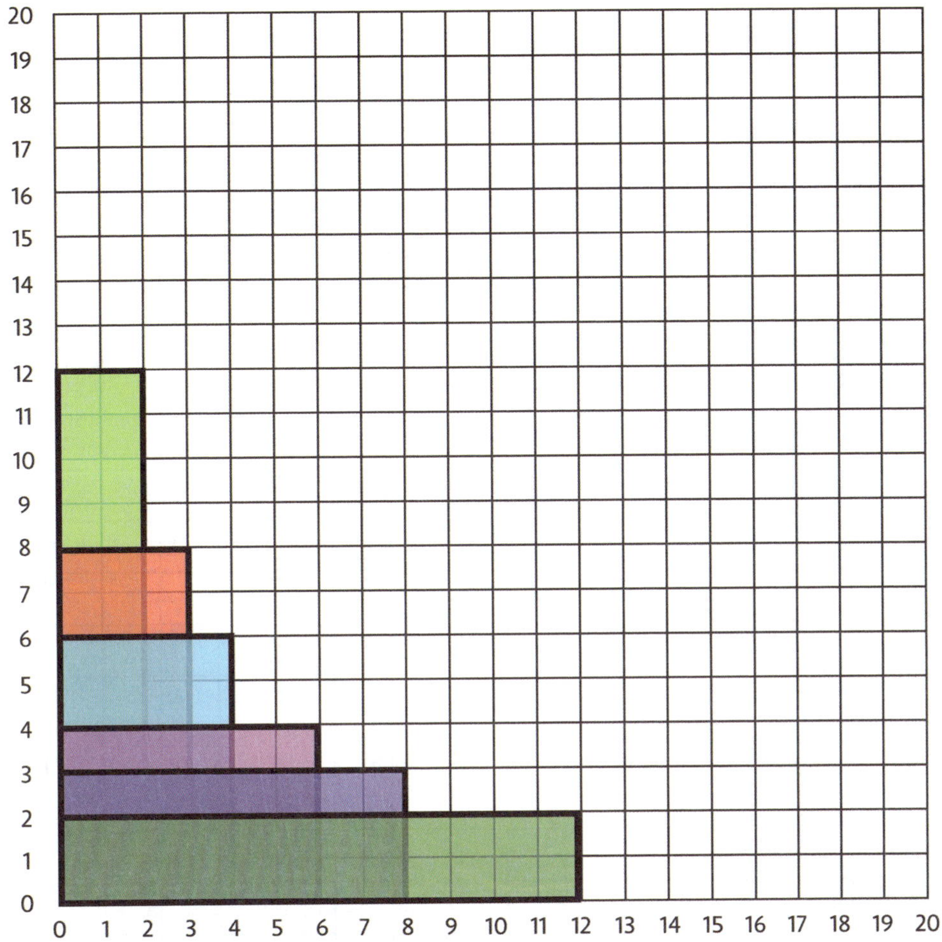

Figura 4.2 Sistema de coordenadas mostrando os retângulos de 24.

a localização dos pontos no gráfico. Você pode relembrar o trabalho que fizeram na atividade anterior, na qual exercitaram a localização dos pontos, e perguntar como podem usar essas ideias para identificar os números repetidos no plano.

- **Os alunos veem conexões entre o ponto, seu produto e a área do retângulo?** Cada ponto no sistema de coordenadas é identificado com um par ordenado (x, y), e, na tabela de multiplicação, intitulamos a intersecção das linhas com o produto de $x \times y$. Esse produto é o número de quadrados no retângulo feito pela origem e o ponto (x, y). Por exemplo, o ponto (9, 4) faz um retângulo de 9×4 que começa na origem e tem uma área de 36 unidades. Encoraje os alunos a fazer conexões entre essas diferentes formas quando se atentam ao sistema de coordenadas. Pedir que nomeiem seus pontos poderá ajudá-los a observar as conexões.

Reflita

Que outros padrões na tabela de multiplicação você estaria interessado em explorar no sistema de coordenadas? Como você acha que eles se pareceriam?

TABELA DE MULTIPLICAÇÃO

×	1	2	3	4	5	6	7	8	9	10	11	12	13	14	15	16
1	1	2	3	4	5	6	7	8								
2	2	4	6	8	10	12	14	16								
3	3	6	9	12	15	18	21	24								
4	4	8	12	16	20	24	28	32								
5	5	10	15	20	25	30	35	40								
6	6	12	18	24	30	36	42	48								
7	7	14	21	28	35	42	49	56								
8	8	16	24	32	40	48	56	64								
9																
10																
11																
12																
13																
14																
15																
16																

SISTEMA DE COORDENADAS

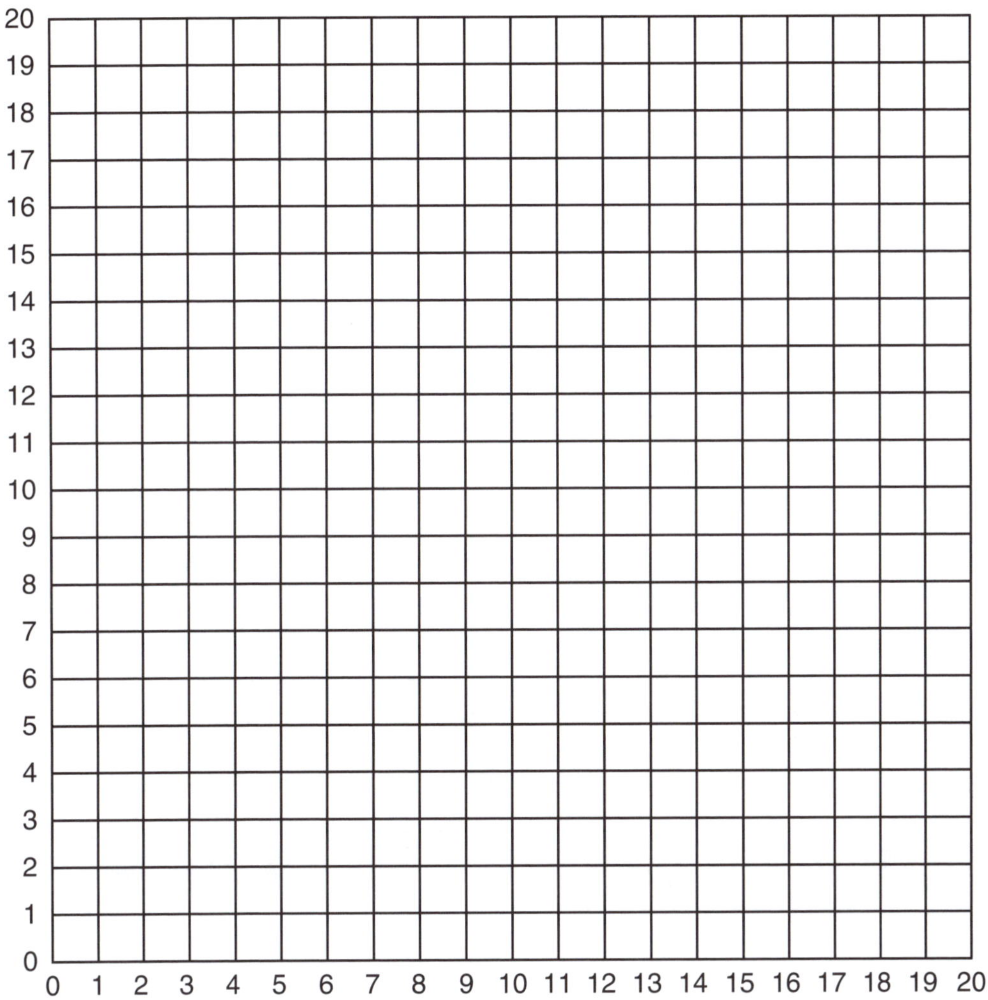

IDENTIFICANDO E CONECTANDO PADRÕES POR MEIO DE REPRESENTAÇÕES

Um dos aspectos mais bonitos e incríveis da matemática são as variadas e diferentes formas pelas quais as pessoas podem perceber as ideias matemáticas. Quando valorizamos as múltiplas maneiras de entendê-las, os alunos passam a considerar a disciplina criativa e interessante. Uma das minhas frustrações como professora é a forma como os alunos são apresentados à álgebra como um conjunto de símbolos sem sentido, determinando o valor do *x* quando não dão importância ou não entendem o que ele significa. Uma forma muito melhor de introduzir o estudo da álgebra é apresentar padrões e estimular os alunos a explorar diferentes maneiras de observar crescimento, usando cores, palavras e, em alguma medida, símbolos. Nesta ideia fundamental, escolhemos introduzir a importante ideia matemática da generalização, fazendo os alunos visualizarem padrões de crescimento. Eles costumam ser apresentados a padrões nas aulas de álgebra, mas, em vez de serem solicitados a observá-los de diferentes maneiras, são encorajados a contar quadrados e consultar tabelas de números para desenvolver generalizações. Em nosso trabalho, oferecemos padrões e perguntamos aos alunos como eles identificam o crescimento; em geral, as conversas são muito ricas e os alunos compartilham as diferentes formas de como fazem isso. Dar a oportunidade de colorir e representar o padrão de crescimento para que outros observem é uma atividade bastante proveitosa.

Quando os alunos observam o crescimento e usam palavras para descrevê-lo, estão conectando diferentes caminhos no cérebro. Quando usam números, palavras e recursos visuais, mais conexões são feitas. As atividades incluídas nesta ideia fundamental proporcionam oportunidades para que os alunos comecem a generalizar, o que é extremamente valioso, e a expressar padrões de crescimento de diferentes maneiras, fazendo conexões entre eles.

Na atividade **Visualize**, pedimos que os alunos estudem dois padrões e examinem o padrão de crescimento. Uma boa ideia é pedir que encontrem o maior número possível de padrões, pois isso estimulará a criatividade. Enquanto refletem sobre os padrões, eles se envolvem com a ideia essencial da álgebra: a generalização. Enquanto descrevem o crescimento usando cores e palavras, diferentes caminhos cerebrais serão ativados, o que é excelente para a aprendizagem e compreensão.

Na atividade **Brinque**, os alunos serão solicitados a criar seus próprios padrões de crescimento usando formas, analisando-as e criando uma atividade para os colegas explorarem. Quando há solicitação para criar uma atividade na qual os colegas trabalharão, os alunos costumam se entusiasmar e ficar mais interessados, o que aprofunda a aprendizagem. Nessa atividade, a turma criará um conjunto de padrões e desenvolverá apreciação por padrões matemáticos. Serão questionados sobre quais padrões os surpreenderam ou interessaram, o que constitui uma forma efetiva de instigar seu interesse e apreciação pelo tema, um objetivo importante por si só.

Na atividade **Investigue**, os alunos aprenderão a representar um padrão de crescimento em uma tabela e em um sistema de coordenadas. Serão encorajados a usar diferentes representações, tais como uma tabela, palavras, um gráfico e uma figura, e a conectá-las entre as diferentes representações da mesma ideia, estimulando, desse modo, conexões cerebrais e compreensão conceitual.

Jo Boaler

TANGO EM DOIS PADRÕES

Visão geral

Os alunos exploram dois padrões similares e desenvolvem formas de identificar e descrever o crescimento. Comparam e ampliam os padrões para considerar as diferenças entre eles.

Conexão com a BNCC*

—

Planejamento

Atividade	Tempo	Descrição/Estímulo	Materiais
Abertura	10 min	Apresente os dois padrões aos alunos e peça que descrevam para um colega como identificam o crescimento.	• Folha da atividade Dois padrões, para mostrar no projetor.
Explore	30+ min	As duplas exploram cada padrão para encontrar várias formas de codificá-los por cores e descrever o seu crescimento. Usam a codificação para comparar os dois padrões e, então, tentam descobrir como seria o 10º ou o 20º caso. Depois, criam um cartaz para mostrar as suas descobertas.	• Folha da atividade Padrão A e folha da atividade Padrão B, uma ou mais por aluno. • Papel (malha) pontilhado (1cm × 1cm) (veja o Apêndice). • Lápis de cor e canetinhas. • Cartolina, para cada dupla. • Fita adesiva.
Discuta	15+ min	As duplas compartilham os cartazes. Discuta as diferentes formas encontradas para identificar e descrever o crescimento dos dois padrões e discuta como eles podem ser comparados. Investigue o modo como os alunos fizeram isso.	• Cartazes dos alunos.
Amplie	20+ min	Os alunos desenvolvem formas de descrever, para cada padrão, quantos quadrados haverá em cada caso.	• Disponibilize cartolinas aos alunos, folhas adicionais com os padrões, papel pontilhado e lápis de cor e canetinhas.

* N. de R.T. Não identificamos na BNCC – Matemática, habilidades das diferentes unidades temáticas, especialmente nas de números ou álgebra, que possam ser relacionadas diretamente à habilidade descrita no original. Consideramos, no entanto, que propostas de atividades envolvendo diferentes representações de sequências numéricas recursivas (pictóricas, em tabelas , em gráficos, etc.), objetivo deste capítulo, são exploradas em salas de aula brasileiras. Conexão com o CCSS: 5.OA.3 – Criar dois padrões numéricos usando duas regras dadas. Identificar relações aparentes entre os termos correspondentes. Formar pares ordenados com os termos correspondentes dos dois padrões e representar graficamente os pares ordenados em um sistema de coordenadas. Por exemplo, dada a regra "adicionar 3" e o número inicial 0, e dada a regra "adicionar 6" e o número inicial 0, determine termos nas sequências resultantes e observe que os termos em uma sequência são o dobro dos termos correspondentes na outra sequência. Explicar informalmente por que isso acontece. Consideramos, no entanto, que propostas de atividades envolvendo diferentes representações de sequências numéricas recursivas (pictóricas, em tabelas , em gráficos, etc.), objetivo deste capítulo, são exploradas em salas de aula brasileiras.

Para o professor

Os padrões costumam ser apresentados aos alunos numérica ou simbolicamente, mas padrões visuais oferecem um importante ponto de partida para exercitar a abstração sobre esse assunto. Os alunos conseguirão identificar o padrão antes de conseguir descrevê-lo. Incentivá-los a encontrar múltiplas formas de descrever os padrões por meio da codificação por cores e palavras os ajuda a encontrar modos interessantes e produtivos de articular o que estão observando no padrão. Eles usam essas formas como um ponto de partida para representações mais abstratas dos padrões.

Oferecemos dois padrões que parecem semelhantes, mas um deles apresenta uma variação linear e o outro não. Essa diferença central não parece ser muito significativa nos primeiros casos, mas se torna consideravelmente importante à medida que os alunos ampliam o padrão até o 10º caso e além dele. Não enfatizamos o uso de números na atividade, focando mais em identificá-los e descrevê-los, mas os alunos provavelmente contarão os quadrados e usarão as contagens para ajudá-los a pensar. A alternância entre essas representações – figuras, palavras e números – é essencial para fazer conexões sobre padrões.

ATIVIDADE

Abertura

Inicie a atividade mostrando aos alunos a folha Dois padrões em um projetor, conforme mostra a Figura 5.1. Diga que cada série, em sentido horizontal na página, respeita um padrão. Você pode apontar o caso 1, o caso 2, o caso 3 e o caso 4.

Peça que os alunos observem os dois padrões, um de cada vez. Pergunte: como vocês percebem o padrão de crescimento? Dê a eles alguns minutos para olhar e conversar com um colega sobre como identificam o crescimento de um caso a outro em cada um dos padrões. Nesse ponto da atividade, é comum pedir que os alunos compartilhem ideias. No entanto, nesta tarefa, queremos que mantenham o fluxo de ideias, sem compartilhá-las ainda. Diga aos alunos que o objetivo é encontrar formas variadas de descrever e comparar os padrões. Eles poderão elaborar e ampliar descrições para explicar os padrões.

Explore

Os alunos trabalham em duplas, cada uma com cópias das folhas Padrão A e Padrão B. Forne-

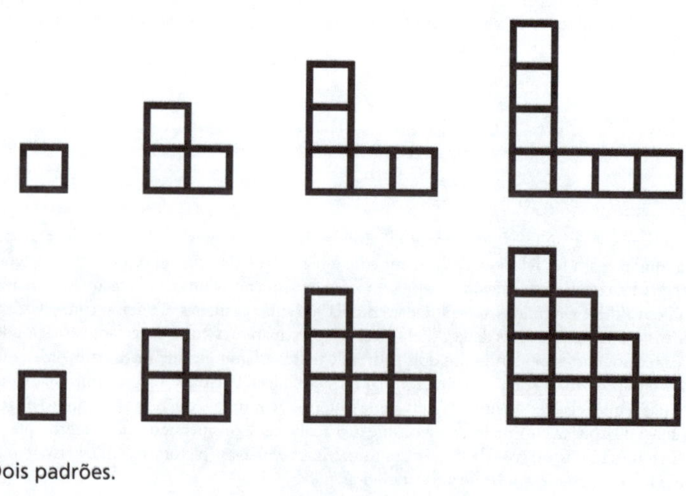

Figura 5.1 Dois padrões.

ça lápis de cor, canetinhas e papel pontilhado. Cada aluno deve registrar as próprias ideias nas folhas dos padrões, pois serão diferentes as formas com que identificarão os padrões, e essas diferenças irão ajudá-los.

Primeiramente os alunos trabalham para descobrir como descrever o padrão de crescimento em cada caso, usando palavras e cores. As folhas dos padrões incluem várias imagens de cada um, de modo que os alunos podem se esforçar para identificar o crescimento de múltiplas formas. Depois, podem comparar os dois padrões: em que aspectos crescem de maneira diferente? Em que aspectos crescem de forma semelhante? Os alunos usam cores, palavras e números para demonstrar a comparação.

Desafie os alunos a encontrar formas de ampliar os padrões e a encontrar o 10º ou 20º caso de cada um. Pergunte: qual será a diferença entre casos correspondentes nos dois padrões? Os alunos talvez queiram usar papel pontilhado enquanto ampliam os padrões.

As duplas fazem um cartaz do que descobriram, mostrando todas as maneiras que criaram para identificar e descrever diferenças entre os padrões. Elas poderão colar as folhas de padrões nos cartazes e adicionar legendas e ampliações do padrão para mostrar suas observações.

Discuta

Inicie a discussão solicitando às duplas que compartilhem os cartazes que criaram para representar suas observações. Você pode alternar as duplas na apresentação das descobertas ou realizar um passeio pela sala de aula com todos os cartazes afixados para que os alunos, no seu próprio ritmo, os examinem.

Em grupo, discuta as questões a seguir:

- Quais são as diferentes maneiras pelas quais podemos identificar cada padrão de crescimento?
- Quais são as diferentes maneiras pelas quais podemos descrever cada padrão de crescimento?
- Como os números nos ajudam a comparar os padrões? Como os recursos visuais nos ajudam a fazer isso?
- O que acontece quando vocês ampliam cada padrão até o 10º ou o 20º caso?

Amplie

Desafie os alunos a desenvolver formas de usar recursos visuais, palavras e números para descrever, para cada padrão, quantos quadrados haverá em cada um dos casos. Os alunos poderão precisar dos seus cartazes, cópias adicionais das folhas de padrões, papel pontilhado e lápis de cor e canetinhas para fazer essa descrição.

Fique atento

- **Os alunos estão encontrando formas variadas de identificar e descrever cada padrão?** Esperamos que, ao trabalhar em duplas, cada aluno possa ver o padrão de forma diferente, o que irá ajudá-los a gerar ainda mais formas de identificá-lo. Mas se os dois integrantes da dupla perceberem o padrão da mesma forma, poderão ter dificuldades em identificar outro padrão que não o primeiro que determinaram. Você pode pedir que girem a folha para observar o padrão de um ponto de vista diferente e ajudá-los a encontrar uma nova perspectiva, bem como incentivá-los a examinar o padrão a partir de uma direção diferente. Por exemplo, se os alunos sempre identificarem uma nova coluna crescendo à esquerda no padrão da escada, você pode perguntar: o que acontece na base? Ou ao longo da escada?
- **Os alunos estão contando?** Contar os quadrados irá ajudá-los a identificar e prever o crescimento, bem como com-

parar os dois padrões. Não pedimos diretamente que os alunos contem os quadrados porque queremos enfatizar suas qualidades visuais e descritivas, mas observamos quando escolhem contar e como o fazem. Você pode fazer perguntas sobre como isso irá ajudá-los a identificar padrões e como eles pretendem registrar as contagens de modo que não se esqueçam do que encontraram.

- **Como os alunos estão ampliando os padrões?** Eles podem ampliar os padrões caso a caso, isso certamente funcionará. No entanto, encoraje-os a perguntar a si mesmos: preciso fazer cada caso para determinar como será o 10º ou o 20º? Ajude-os a usar suas observações dos padrões para prever casos posteriores. Enquanto trabalham para articular o que sabem, estarão evoluindo para a generalização dos padrões. Alguns alunos podem avançar diretamente para esses casos, sabendo exatamente como serão. Para estes alunos, faça perguntas sobre como souberam o que desenhar para ajudá-los a relacionar os padrões sobre os quais pensaram.

Reflita

Quais foram as maneiras mais úteis para identificar e descrever os padrões de crescimento? Por quê?

DOIS PADRÕES

PADRÃO A

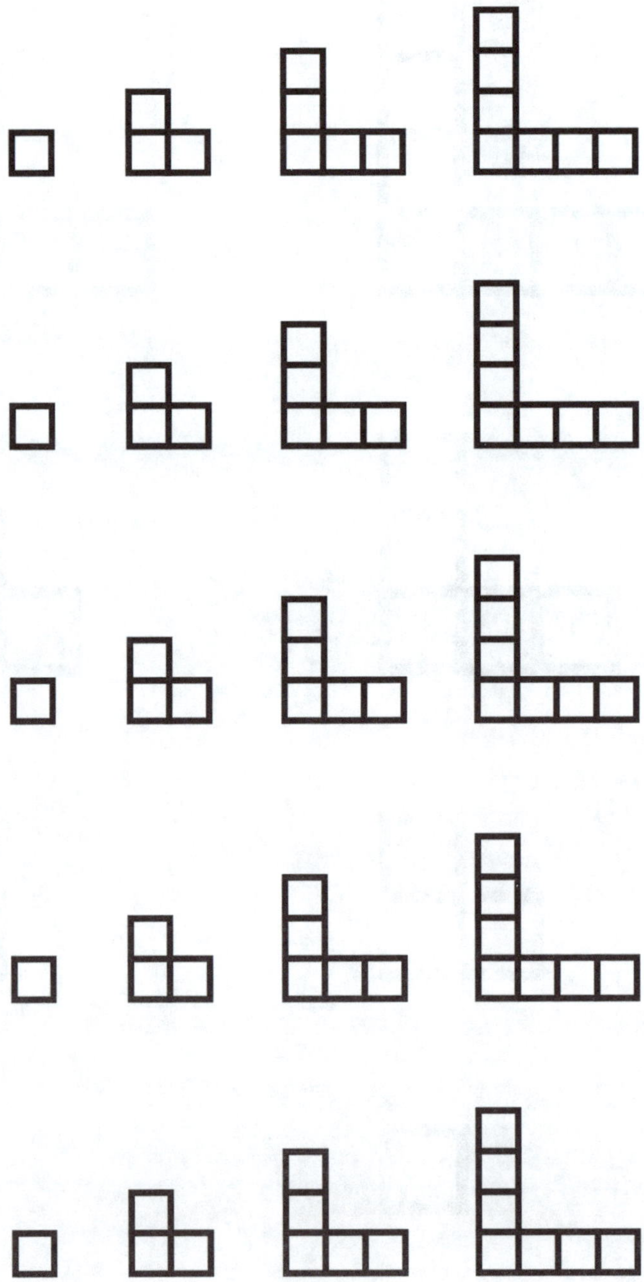

PADRÃO B

DESFILE DE PADRÕES

Visão geral

Os alunos criam dois padrões crescentes usando figuras, os analisam e então os utilizam para elaborar uma atividade para os colegas explorarem. Os trabalhos dos alunos se transformam em um desfile de padrões criados pela turma.

Conexão com a BNCC*

—

Planejamento

Atividade	Tempo	Descrição/Estímulo	Materiais
Abertura	10 min	Revisite o modo como os alunos identificaram e descreveram o crescimento dos padrões na atividade **Visualize**. Diga-lhes que criarão dois padrões, que serão registrados em um cartaz para um desfile de padrões.	• Exemplos de cartazes da atividade **Visualize**.
Explore	40+ min	As duplas criam dois padrões similares usando figuras. Em seguida, registram os padrões mostrando como eles crescem e analisam semelhanças e diferenças até o 10º caso. As duplas registram os padrões em cartazes, com apresentação dos primeiros quatro casos de cada um e algumas perguntas relativas a outros padrões. Os cartazes serão usados no desfile de padrões.	• Cartolinas e canetinhas para cada dupla. • Disponibilize blocos de padrões, ladrilhos quadrados, papel pontilhado e papel (malha) pontilhado isométrico (veja o Apêndice).
Abertura	10 min	Discuta como o desfile de padrões funcionará e os dois papéis que os alunos desempenharão: anfitrião e visitante.	
Brinque	30 min	Encene o desfile de padrões, com um dos integrantes da dupla sendo o anfitrião da exposição de cada padrão e os outros colegas fazendo o papel de visitantes. Inverta os papéis de anfitrião e visitante na metade do desfile. Os anfitriões anotam as observações interessantes feitas pelos visitantes, e os visitantes solucionam as questões sobre os padrões em cada estação de trabalho.	• Cartazes dos padrões dos alunos. • Materiais para as estações de trabalho do desfile, quando necessário: blocos de padrões, ladrilhos quadrados, papel pontilhado, papel pontilhado isométrico e lápis de cor e canetinhas. • Opcional: etiquetas adesivas.
Discuta	15 min	Discuta o que os alunos aprenderam como anfitriões e como visitantes sobre os padrões. Discuta as observações, as comparações e as perguntas interessantes.	

* N. de R.T. No original, conexão com o CCSS: 5.OA.3 (ver nota na página 115).

Para o professor

Essa tarefa baseia-se diretamente nas experiências dos alunos na atividade **Visualize**. Estimule-os a consultar o trabalho daquela atividade para codificar por cores, descrever e analisar os padrões. Na primeira metade da aula, peça aos alunos que criem e analisem dois padrões, registrando-os. Isso pode ser feito em um caderno ou em uma combinação de papel pontilhado, papel pontilhado isométrico e papel branco. Se quiserem, os alunos podem manter consigo o registro dos padrões durante o desfile, para compará-lo com o trabalho dos colegas.

O desfile de padrões poderá se estender por dois dias ou mais. A experiência será mais interessante se todos os alunos tiverem tempo adequado para projetar, explorar, analisar e documentar os padrões, o que pode levar um ou mais períodos inteiros de aula. O desfile poderá ser em um dia específico, e você poderá convidar outras pessoas, como alunos de outra turma, para participar.

ATIVIDADE

Abertura

Comece relembrando aos alunos os cartazes que fizeram na atividade **Visualize** e como descreveram o crescimento dos dois diferentes padrões. Enfatize as maneiras como usaram cores, palavras e números e explique que criarão dois padrões que sejam similares em algum aspecto e diferentes em outro. Você pode fazer referência ao padrão em forma de L e ao padrão escada da atividade **Visualize** como um exemplo disso. A Figura 5.2 também mostra dois padrões similares,* porém diferentes. Diga aos alunos que eles analisarão os próprios padrões para descrever como se desenvolvem e o estenderão até o 10º caso. Eles poderão usar quadrados ou outras figuras para fazer essa tarefa.

As duplas criarão um cartaz com imagens dos primeiros quatro casos de cada padrão para o desfile. Cada dupla fará uma exposição com seus padrões, de maneira que todos terão a chance de examinar e investigar os trabalhos dos colegas.

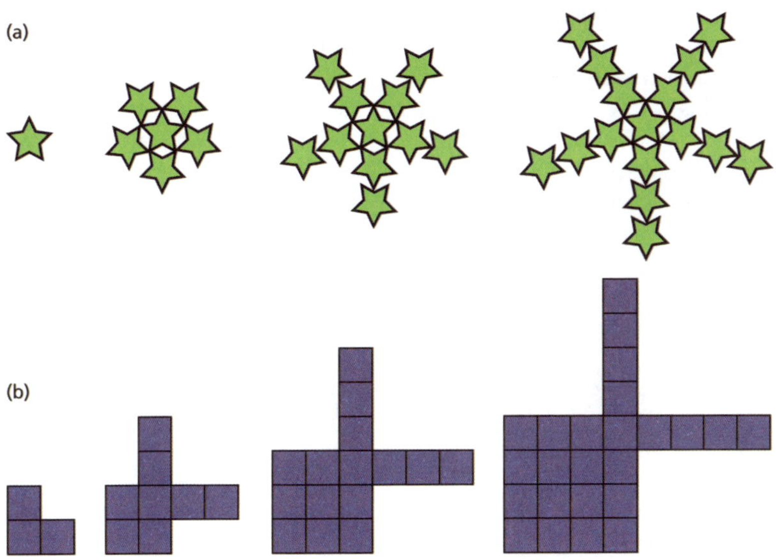

Figura 5.2 Dois padrões de crescimento diferentes, porém similares.

* N. de R.T. A similaridade entre os dois padrões está no fato de que, em ambos, há uma diferença constante entre a quantidade de elementos de dois casos consecutivos.

Explore

Os alunos trabalham em duplas para projetar dois padrões de crescimento similares, porém diferentes, usando figuras. Forneça recursos variados para criarem e registrarem os padrões, tais como blocos de padrões, ladrilhos quadrados, papel pontilhado e papel pontilhado isométrico. Cada dupla também precisará de cartolina e de canetinhas para preparar sua exposição no desfile.

As duplas começam usando os materiais para explorar e projetar os padrões. Quando tiverem duas ideias que desejem levar adiante, devem registrar os padrões para documentar como os determinaram. No registro, os alunos anotam os dois padrões em um dos papéis pontilhados, mostrando pelo menos até o 10º caso. Usando palavras, números e/ou cores no registro dos padrões que criaram, os alunos também documentam como identificam o crescimento dos padrões. Eles devem responder às perguntas: como determinaram os aspectos similares entre os dois padrões? E os diferentes?

Depois que os alunos concluírem o registro, prepararão um cartaz para a exposição no desfile. O cartaz deve mostrar apenas os quatro primeiros casos de cada padrão, como foi feito na atividade **Visualize**. Os padrões devem ser registrados com clareza para que os colegas consigam pensar sobre como identificar o crescimento. Além disso, peça que as duplas acrescentem algumas perguntas para os colegas refletirem enquanto observam os padrões, tais como:

- Como vocês identificam o padrão de crescimento?
- Em que aspectos eles são similares? E diferentes?
- Como vocês acham que será o 10º (ou o 20º) caso?
- Quantas figuras serão necessárias para construir o 10º (ou o 20º) caso em cada padrão?

Em sua estação de trabalho, os alunos podem querer fornecer papel, lápis de cor e canetinhas para os visitantes usarem para explorar as perguntas que formularam.

Abertura

Reúna os alunos para discutir o desfile de padrões. Divida as duplas de maneira que um deles seja o anfitrião da exposição do grupo e o outro circule para observar os padrões. Na metade do desfile, os grupos poderão inverter os papéis, de modo que todos sejam anfitriões em uma exposição e visitem também as dos colegas. Discuta como desempenhar cada papel no desfile:

- Diga aos alunos que, quando estiverem sendo anfitriões, apresentarão seu cartaz com os quatro primeiros casos dos seus dois padrões. Eles precisarão oferecer aos visitantes todas as ferramentas que possam precisar para a investigação (p. ex., papel pontilhado ou papel pontilhado isométrico). Quando os colegas chegarem à exposição, os anfitriões devem convidá-los a investigar os padrões fazendo as perguntas de seus cartazes, anotar as diferentes, novas ou interessantes formas que os visitantes identificam os padrões. Para isso, você poderá distribuir etiquetas adesivas.
- Diga aos alunos que, quando estiverem visitando uma exposição, deverão estar prontos para investigar os padrões que os anfitriões fizeram e tentar responder às perguntas que serão feitas. Estimule os visitantes a pensar sobre o que torna os padrões interessantes.

Peça aos alunos que organizem suas exposições ao redor da sala.

Brinque

Realize o desfile em dois turnos, de modo que todos tenham a chance de ser anfitriões e visitantes. Você provavelmente precisará dar aos alunos pelo menos 15 minutos para representar cada papel. Estimule os anfitriões a tomar notas sobre o que os visitantes observam e identifiquem sobre seus padrões que seja diferente da maneira como eles mesmos identificaram ou refletiram sobre eles.

Discuta

Reúna os alunos para discutir o desfile de padrões e formule as seguintes perguntas:

- Quando os colegas visitaram a sua exposição, alguém identificou os padrões que fizeram de uma maneira nova? O que eles notaram que você ainda não tinha percebido?
- Quando vocês estavam visitando as exposições, o que foi interessante ou surpreendente?
- Que padrões estimularam vocês a fazer comparações interessantes?
- Sobre o que vocês estão refletindo em relação aos padrões que criaram ou observaram?

Fique atento

- **Os alunos estão criando padrões que podem continuar de forma previsível?** Eles podem projetar padrões em geral com blocos, que irradiam a partir de um ponto central ou se expandem ao longo de um plano. É possível que os alunos continuem projetando, mas sem um padrão previsível. Os padrões têm uma estrutura própria, e os alunos devem conseguir articular a regra que estão usando para construir seus padrões caso a caso. Tais regras não precisarão ser expressas formalmente, mas ser algo como: "Acrescento um a cada braço" ou "Coloco uma nova camada na parte externa". Esse tipo de regra é a diferença entre um padrão e um projeto. Estimule os alunos a conversar sobre a regra e a explicar como determinarão qual será o próximo caso. Se estiverem trabalhando com um projeto em vez de um padrão, encoraje-os a voltar ao núcleo do projeto com o qual iniciaram e a desenvolver uma regra que possam usar para transformá-lo, de fato, em um padrão.
- **Os alunos estão criando padrões que conseguem analisar?** Os alunos podem criar padrões tão complexos que não conseguirão explicar o que está acontecendo. Isso pode ser simplesmente uma questão de criar mais casos, codificar o padrão por cores e procurar formas de descrevê-lo, conforme fizemos na atividade **Visualize**. Entretanto, se os alunos estiverem confusos com os próprios padrões, os colegas que visitarem suas exposições provavelmente também ficarão. Isso pode funcionar bem para uma exposição, pois os alunos poderão apresentar o padrão que construíram como um problema genuíno. Você também poderá incentivá-los a criar pelo menos um padrão que compreendam bem para proporcionar experiência na criação e análise dos padrões visuais.

Reflita

Quais foram os padrões mais intrigantes que você observou no desfile? Por quê?

OBSERVANDO CRESCIMENTO EM UM GRÁFICO

Visão geral

Os alunos investigam como representar um padrão de crescimento em uma tabela e em um sistema de coordenadas. As duplas criam seus próprios padrões usando figuras, tabelas e gráficos e procuram conexões entre as formas utilizadas e entre os padrões criados.

Conexão com a BNCC*

EF05MA14, EF05MA15, EF06MA16

Planejamento

Atividade	Tempo	Descrição/Estímulo	Materiais
Abertura	5-10 min	Mostre aos alunos o padrão caracterizado por um sinal de adição** e pergunte como eles identificam o seu crescimento. Pergunte a eles como podem usar uma tabela e um gráfico para mostrar o padrão crescendo.	• Folha da atividade Padrão com sinal de adição, para projetar. • Lápis de cor e canetinhas.
Explore	20+ min	As duplas investigam como mostrar o crescimento do padrão caracterizado por um sinal de adição em uma tabela e em um sistema de coordenadas. Exploram como o crescimento pode ser representado de diferentes maneiras nessas três formas – figura, tabela e gráfico.	• Folha da atividade Padrão com sinal de adição, uma por dupla. • Folhas da atividade Tabela e gráfico com sinal de adição, uma por aluno. • Opcional: ladrilhos quadrados.
Discuta	15 min	Discuta as formas apresentadas pelos alunos para mostrar visualmente o crescimento dos padrões, na tabela e no sistema de coordenadas, e o que essas três formas permitem informar sobre o padrão.	
Explore	30+ min	As duplas investigam como criar um padrão diferente do padrão caracterizado por um sinal de adição, mantendo a tabela e o gráfico anteriores. Estudam como criar visualmente outro padrão de crescimento, com tabela e gráfico diferentes do anterior e registram os dois padrões.	• Ladrilhos quadrados. • Papel pontilhado. • Folhas da atividade Padrões de crescimento, no mínimo uma por dupla.
Discuta	20 min	Mostre e discuta os padrões visuais criados pelos alunos. Compartilhe as tabelas e os gráficos com o padrão caracterizado por um sinal de adição, bem como os diferentes padrões que eles construíram. Procure semelhanças, diferenças e conexões.	• Trabalhos dos alunos e espaço para exibir os dois tipos de padrões criados.

* N. de R.T. No original, conexão com o CCSS: 5.G.1 e 5.G.2 (ver nota na página 93); 5.OA.3 (ver nota na página 115).

** N. de R.T. O nome da atividade Padrão com sinal de adição refere-se ao padrão caracterizado visualmente por uma figura que lembra um sinal de adição. As duas referências são utilizadas no texto.

Para o professor

Essa investigação proporciona aos alunos a oportunidade de reunir todas as ideias sobre padrões visuais e de observar esses padrões de novas maneiras – em tabelas e gráficos. Criamos um padrão visual linear para os alunos explorarem no início da investigação. O padrão caracterizado por um sinal de adição cresce quatro ladrilhos em cada caso, e deve permitir que os alunos construam uma tabela e um gráfico que representem claramente esse padrão de crescimento, embora de maneiras diferentes. O padrão caracterizado por um sinal de adição, que não se parece em nada com uma linha quando mostrado como um grupo de ladrilhos, na tabela aparece como colunas em crescimento constante de números ímpares; quando assinalados em um sistema de coordenadas, os pontos ficam alinhados. Essas formas diferentes de observar o mesmo padrão são a essência dessa investigação.

Na discussão durante a primeira metade da investigação, encorajamos você a introduzir a ideia de escrever regras para os padrões, ou *generalizações*. Conforme observado anteriormente, a generalização é uma prática central em matemática que os alunos continuarão a usar ao longo da vida, enquanto avançam do pensamento sobre casos individuais para identificação e descrição das estruturas dos padrões. Generalizar costuma envolver a escrita de equações para expressar regras, e o padrão caracterizado por um sinal de adição que oferecemos aqui apresenta uma oportunidade para os alunos avançarem nesse sentido. As regras que os alunos escrevem podem envolver números, operações, palavras ou mesmo variáveis. Não é importante que usem álgebra para generalizar, embora poderão fazê-lo neste caso, se estiverem interessados. Fundamentalmente, os alunos só devem avançar para a escrita de uma expressão algébrica a partir de uma compreensão visual do padrão de crescimento.

Na segunda metade da atividade, os alunos são solicitados a criar dois tipos de padrões, com base em dois desafios: um visualmente diferente, embora com a mesma tabela e gráfico do padrão caracterizado por um sinal de adição, e outro completamente diferente. Reimaginar o visual com sinal de adição significa manter o padrão numérico e, ao mesmo tempo, pensar a organização dos quadrados em outro arranjo. A criação de um padrão inteiramente novo pode levar os alunos a gráficos não lineares, e os padrões criados poderão ser difíceis de generalizar, dependendo do que eles projetarem. Estimule-os a generalizar de maneira que faça sentido para eles. Aceite todos os desafios e certifique-se de incluir em suas discussões com a turma as dificuldades e os elementos surpreendentes que os alunos descobriram.

ATIVIDADE

Abertura

Inicie a atividade mostrando aos alunos o padrão com sinal de adição em um projetor. Peça que conversem com um colega sobre como identificam o padrão de crescimento, colete algumas ideias e codifique o padrão por cores para mostrar que ele pode ser visto de mais de uma maneira. Você pode manter à disposição várias cópias da folha da atividade Padrão com sinal de adição para deixar isso claro. Diga aos alunos que os registros nas folhas representam maneiras de como podemos observar o padrão das formas e que agora investigaremos novas maneiras de observar o crescimento. Pergunte: como podemos usar uma tabela e um gráfico para ajudar a identificar o crescimento de novas maneiras?

Explore

Os alunos trabalham em duplas para investigar como representar o crescimento do padrão com sinal de adição em uma tabela ou gráfico. Distribua uma cópia da folha da atividade Padrão com sinal de adição e cópias da folha Tabela e gráfico com sinal de adição, uma por aluno. Talvez eles queiram usar ladrilhos quadrados para ampliar o padrão.

Depois que os alunos encontrarem formas de representar o padrão na tabela e no gráfico, pergunte: como vocês identificam o crescimento na tabela e no gráfico? Em que aspectos o crescimento do padrão parece diferente na figura, na tabela e no gráfico?

Discuta

Reúna os alunos com as folhas da atividade Tabela e gráfico com sinal de adição para discutir as seguintes questões:

- Como vocês representaram o padrão de crescimento na tabela? E no gráfico?
- Como identificam o crescimento na tabela e no gráfico?
- Como podemos usar o gráfico e a tabela para descrever o crescimento?
- Em que aspectos o crescimento parece diferente na figura, na tabela e no gráfico?
- Como a tabela e o gráfico mudam o que você observa? Para quê isso poderia ser útil?

Explore

As duplas trabalham juntas para criar (no mínimo) dois novos padrões usando quadrados:

- Um padrão deve parecer diferente do padrão com sinal de adição, mas utilizando a mesma tabela e gráfico.
- (No mínimo) um padrão deve ser representado em uma tabela e em um gráfico diferentes.

Para cada padrão, as duplas desenham no mínimo os primeiros seis casos do padrão, usando ladrilhos quadrados e papel quadriculado (1cm × 1cm) (veja o Apêndice) para documentar. Para cada padrão com tabela e gráfico diferentes do padrão com sinal de adição, os alunos criam uma tabela e um gráfico para representar esse padrão em uma folha da atividade Padrões de crescimento. Pergunte: como vocês descreveriam o crescimento de cada padrão?

Você pode encorajá-los a generalizar os padrões da forma como quiserem, mas tenha em mente que alguns padrões criados pelos alunos poderão ser não lineares e difíceis para eles fazerem isso formalmente. Se isso ocorrer, a observação de que alguns padrões são mais fáceis do que outros para generalizar será um tópico útil a ser retomado na discussão.

Discuta

Reúna os alunos e apresente todos os padrões que tenham a mesma tabela e gráfico que o padrão com sinal de adição. Compare os diferentes padrões discutindo as seguintes questões:

- O que os padrões têm em comum?
- Vocês consideram que há outros possíveis?
- O que foi difícil fazer para que os padrões combinassem com o gráfico?
- Como vocês descobriram como fazer isso?

Apresente todos os padrões que tenham tabelas e gráficos diferentes do padrão com sinal de adição.

- O que os diferentes padrões têm em comum?
- O que os torna diferentes?
- Como podemos agrupá-los para mostrar o que têm em comum?
- Que conexões vocês identificam?
- Que perguntas vocês têm sobre os padrões? Em que estão pensando?

Se os alunos trabalharam na generalização dos padrões, você pode pedir que compartilhem as regras que criaram ou os desafios que enfrentaram quando tentavam escrever uma regra.

Fique atento

- **Como os alunos estão se alternando entre as formas de representação?** A alternância entre figuras, números, tabelas e gráficos é um trabalho complexo – e novo – para os alunos. Encoraje-os a ir devagar e refletir sobre a conexão entre figuras específicas, números, fileiras na tabela e pontos no gráfico. Pergunte: eles estão mostrando as mesmas informações? Como eles estão relacionados? Os alunos descobrirão diferentes caminhos, avançando e recuando entre as formas. Alguns vão querer completar a tabela integralmente, depois completar o gráfico integralmente. Outros poderão trabalhar melhor concentrando-se em todas as formas para cada ponto. Pergunte aos alunos se a maneira como estão trabalhando está ajudando eles a entender e a monitorar as diferentes relações e valores.
- **Os alunos estão criando um padrão que corresponde à tabela e ao gráfico do padrão com sinal de adição?** Para essa parte da investigação, o desafio é encontrar um novo padrão visual que tenha a mesma tabela e gráfico que o padrão com sinal de adição. Alguns precisarão pensar em como cada caso cresce numericamente e reimaginar um padrão visual que cresça dessa maneira. Eles podem encontrar um ponto de partida utilizando ladrilhos quadrados, que poderão quantificar para cada caso e então reorganizar para encontrar novos padrões visuais, mantendo a quantidade de ladrilhos.
- **Os alunos estão fazendo conexões entre as diferentes formas de representação dos padrões?** Enquanto trabalham para representar os padrões em figuras, números, tabelas e gráficos, é importante continuar a enfatizar que se trata sempre do *mesmo* padrão. Diferentes formas de mostrar o padrão oferecem diferentes formas de entender o padrão e como ele cresce. Enquanto os alunos trabalham, você pode pedir a eles que se concentrem em partes de um padrão (tal como acrescentar um ladrilho a cada braço do sinal de adição caso a caso) e perguntar: como identificamos essa parte do padrão na figura, na tabela e no gráfico?

Reflita

O que você aprendeu sobre um padrão observando uma figura, uma tabela ou um gráfico? Qual deles você acha que oferece mais informações? Por quê?

PADRÃO COM SINAL DE ADIÇÃO

Como você identifica o padrão de crescimento?

TABELA E GRÁFICO COM SINAL DE ADIÇÃO

Como você identifica o padrão de crescimento?

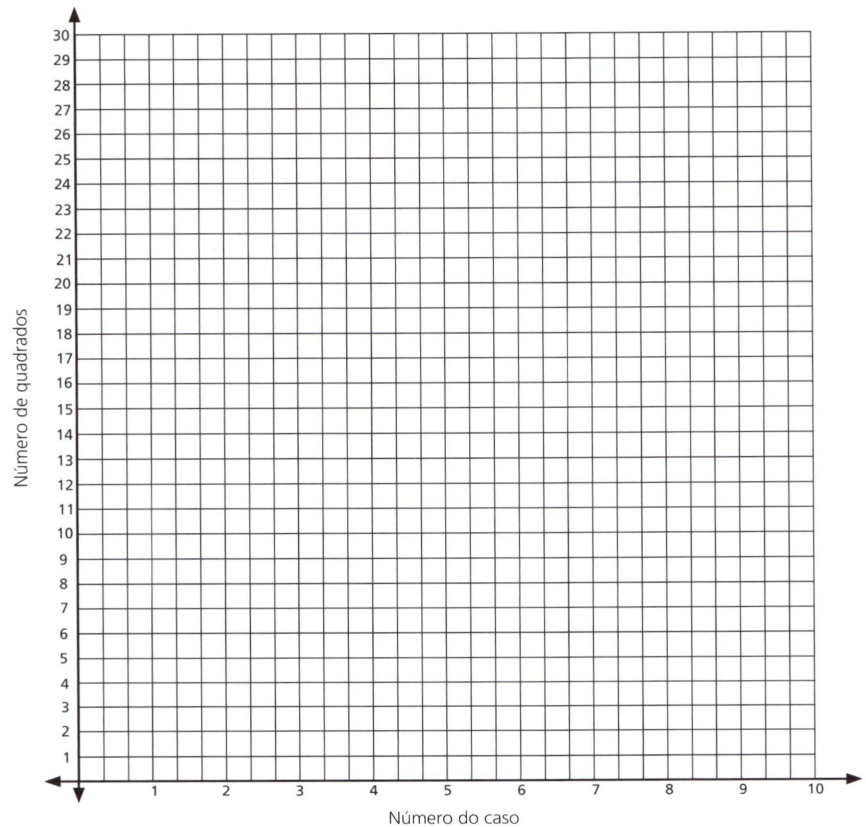

Número do caso	Número de quadrados

FOLHA DA ATIVIDADE PADRÕES DE CRESCIMENTO

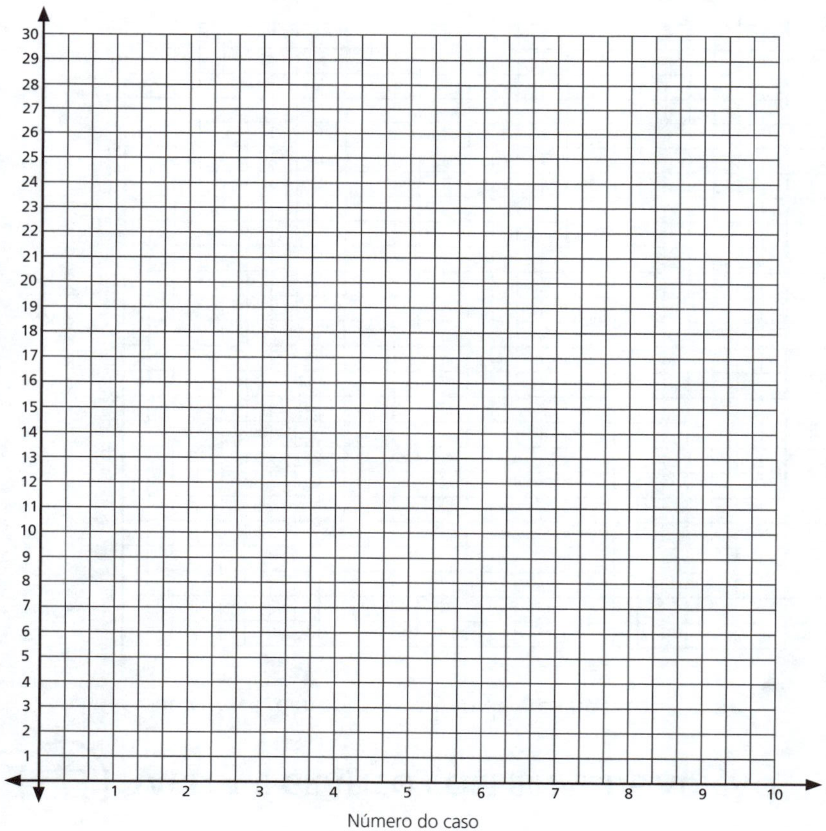

Número do caso	Número de quadrados

VISUALIZANDO A MULTIPLICAÇÃO DE FRAÇÕES

REVESTINDO COM LADRILHOS INTEIROS E EM PARTES

Muitos alunos aprendem a multiplicar frações usando uma regra ou um algoritmo, mas não compreendem como chegaram à resposta ou o que ela representa. Já encontrei vários alunos que conseguiam multiplicar frações e obter uma resposta, que nada significava para eles. Essa falta de conhecimento fragiliza a compreensão futura. Além disso, se os alunos aprenderam a multiplicar frações simplesmente multiplicando os numeradores e multiplicando os denominadores, até poderão obter respostas corretas, mas continuarão cometendo erros quando somarem e subtraírem frações. É muito importante em todo o aprendizado da matemática que os alunos trabalhem com significado, entendendo o que estão fazendo e os contextos aos quais são expostos ao aprender. Em 2009, a pergunta na Figura 6.1 foi oferecida nos testes do National Assessment of Educational Progress (NAEP).*

A resposta correta é A, mas apenas 55% dos alunos do 4º ano do ensino fundamental escolheram essa resposta. Isso sugere que muitos não haviam aprendido a *perceber* a equivalência das frações. Nas atividades que fazem parte desta ideia fundamental, proporcionamos aos alunos diversas oportunidades de pensar visualmente sobre a multiplicação de frações. A vantagem dessa abordagem é que os alunos realmente visualizam a multiplicação de duas frações, e isso permite que compreendam a ordem de grandeza da fração resultante. Nas diferentes atividades desta ideia fundamental, oferecemos aos alunos oportunidades de multiplicar frações por frações e frações por números inteiros. Ao observar os recursos visuais e os números, mais oportunidades serão proporcionadas para a criação de importantes conexões cerebrais.

Na atividade **Visualize**, pedimos que os alunos trabalhem com um recurso visual de representação de uma forma de bolo e determinem o quanto restará se uma fração de uma fração do bolo for comida. É intencional pedirmos que os alunos produzam provas visuais uns para os outros. Dessa forma, mesmo que consigam chegar a uma resposta numérica, devem apresentar uma prova visual. O objetivo da atividade é que os alunos desenvolvam modelos de áreas para representar e justificar a multiplicação de frações. Você não precisa mostrar esses modelos para eles, e, na verdade, é melhor deixar que elaborem seus próprios recursos visuais, pois isso dará a você a possibilidade de avaliar melhor a compreensão que os alunos têm, bem como dará a eles mais opor-

* N. de R.T. O NAEP (Avaliação Nacional do Progresso Educacional) é uma avaliação em larga escala que fornece resultados do desempenho de estudantes norte-americanos em leitura, matemática e outras áreas, em toda a nação, estados e em alguns distritos urbanos. Também conhecido como Boletim da Nação, o NAEP fornece informações importantes sobre como os alunos estão se apresentando academicamente desde 1969.

Pergunta 1/5:

Qual das figuras mostra que $\frac{3}{4}$ é o mesmo que $\frac{6}{8}$?

(Da avaliação do NAEP de 2009 para alunos do 4º ano.)

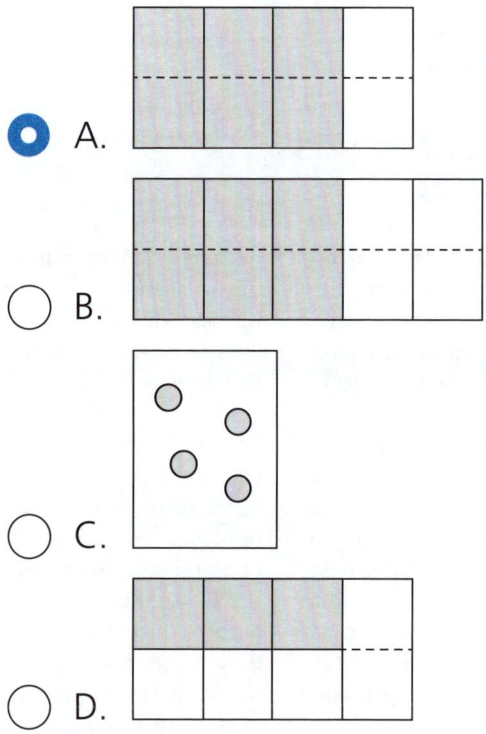

Figura 6.1 Pergunta sobre equivalência de frações.

tunidades de criar conexões cerebrais. Além disso, pedimos que os alunos construam tabelas de resultados, que os ajudarão a conectar as frações às provas visuais.

Na atividade **Brinque**, os alunos usarão a folha da atividade Números visuais que apresentamos no youcubed.org há alguns anos. Essa folha, incrivelmente geradora de recursos, mostra representações de números como fatores, e, se os alunos ainda não se depararam com eles, peça que escrevam os números que acompanham cada desenho e passem algum tempo procurando padrões na folha. Eles começarão a identificar vários padrões e a desenvolver maior apreciação para as maneiras como os números são representados. Na atividade, pedimos que os alunos encontrem números em que $\frac{1}{2}$, $\frac{1}{3}$ e $\frac{1}{4}$ desses números resultem em um número inteiro como resposta. Isso será instigante para os alunos e poderá criar oportunidades para você dizer a eles o quanto dificuldades são importantes e que os momentos mais favoráveis para o crescimento do cérebro ocorrem quando cometem erros e se esforçam.

Na atividade **Investigue**, os alunos recebem outro problema:

> Tenho quatro números diferentes. Quando retiro $\frac{1}{2}$ de um número, $\frac{1}{3}$ de outro número, $\frac{1}{4}$ de outro e $\frac{1}{5}$ do último número e somo todos os resultados, obtenho 20. Quais são os meus quatro números?

É importante, nessa atividade, que os alunos registrem o raciocínio em figuras, números e/ou palavras. Eles trabalharão com quatro números simultaneamente, portanto, um sistema de registro ajudará bastante. A atividade pode ser uma boa oportunidade para mostrar aos alunos as vantagens de um registro cuidadoso. Sempre que apresentamos conceitos, os alunos aprendem mais efetivamente se ficam envolvidos no contexto do problema com o qual estão trabalhando, em vez de receberem os conceitos prontos antes de começar.

Jo Boaler

FRAÇÕES EM UMA FORMA DE BOLO

Visão geral

Os alunos começam a explorar multiplicação de frações usando modelos de área. Eles observam os padrões em suas soluções e os relacionam com multiplicação.

Conexão com a BNCC*

EF07MA11, EF07MA12

Planejamento

Atividade	Tempo	Descrição/Estímulo	Materiais
Abertura	10 min	Diga aos alunos que você fez um bolo e comeu $\frac{1}{3}$, restando $\frac{2}{3}$. Pergunte: se alguém comer $\frac{1}{4}$ do que restou, que fração *de todo o bolo* essa pessoa comerá?	• Opcional: quadros brancos individuais e lápis de cor e canetinhas para as duplas.
Explore	20+ min	As duplas trabalham para construir provas visuais do problema do bolo que possam usar para resolver e convencer os colegas da sua solução.	• Disponibilize: cópias do Modelo da forma de bolo, papel branco, cartolina marrom, tesoura, lápis de cor e canetinhas.
Discuta	15+ min	Discuta e faça um cartaz com as diferentes provas visuais que os alunos criaram para resolver o problema, comparando os resultados. Comece um segundo cartaz com uma tabela para registrar as soluções dos alunos para esse problema e o próximo. Introduza a segunda atividade.	• Cartazes e lápis de cor e canetinhas. • Opcional: fita adesiva.
Explore	20+ min	As duplas mais uma vez constroem provas visuais convincentes. Considerando um bolo com $\frac{2}{3}$ restantes, os alunos escolhem uma fração do restante que alguém poderia comer. Eles descobrem qual fração de todo o bolo seria comida.	• Modelo da forma de bolo. • Disponibilize: papel branco, cartolina marrom, tesoura, lápis de cor e canetinhas.
Discuta	15+ min	Os alunos compartilham as diferentes frações que selecionaram, o modelo que criaram e as soluções que encontraram. Registre as diferentes frações e soluções no cartaz. Discuta os padrões observados e os relacione à multiplicação.	• Cartaz com tabela, lápis de cor e canetinhas.

* N. de R.T. Conexão com o CCSS: 5.NF.4 – Utilizar e ampliar a compreensão de multiplicação para multiplicar uma fração ou um número inteiro por uma fração; 5.NF.6 – Resolver problemas envolvendo multiplicação de frações e números mistos, por exemplo, usando modelos visuais de frações ou sentenças numéricas para representar o problema.

Para o professor

Escolhemos bolos em formas como contexto para essa tarefa a fim de encorajar os alunos a desenvolverem modelos de área para a multiplicação de frações. Assim como tabelas podem ajudá-los a pensar visualmente sobre a decomposição de números inteiros para multiplicação, os modelos envolvendo áreas de regiões retangulares podem ser usados para a multiplicação de frações. Esses modelos de área para multiplicação de frações podem surgir de cortes, verticais e horizontais, de um todo ou inteiro, como um bolo, colorindo as partes criadas por esses cortes. O modelo na Figura 6.2 é um exemplo de como são feitos os cortes nessa atividade. Na figura, você pode ver o primeiro corte do bolo* em terços e o sombreamento dos $\frac{2}{3}$ restantes. Então, cortando o bolo mais uma vez, agora em quartos, e pintando o $\frac{1}{4}$ que será comido, todo o bolo é dividido em porções de mesmo tamanho, e a porção comida – o produto de $\frac{2}{3}$ e $\frac{1}{4}$ – pode ser vista facilmente como $\frac{2}{12}$.

O objetivo da atividade é que os alunos desenvolvam modelos de área, como o apresentado, para a multiplicação de frações. Você não precisa exemplificar o método; em vez disso, queremos que os próprios alunos o criem. Na discussão, destaque os modelos que os alunos criarem para identificar $\frac{2}{12}$ claramente.

ATIVIDADE

Abertura

Diga aos alunos que você fez um bolo para a sobremesa e que a sua família comeu $\frac{1}{3}$, restando $\frac{2}{3}$. Peça a eles que conversem com um colega sobre a seguinte questão: como você imagina que o bolo está agora? Se os alunos tiverem quadros brancos individuais, você pode pedir a eles para desenhar o que imaginam e compartilhar com a turma. Use isso como uma oportunidade para avaliar a compreensão dos alunos e esclarecer maneiras de representar o bolo que façam sentido. Você

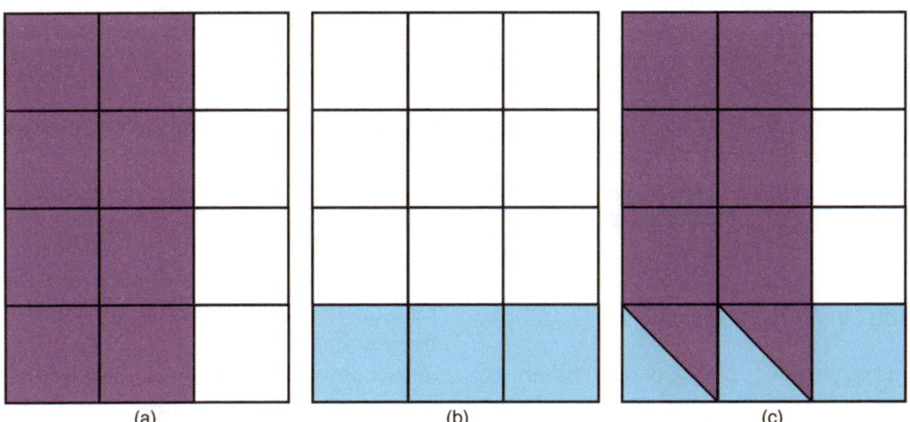

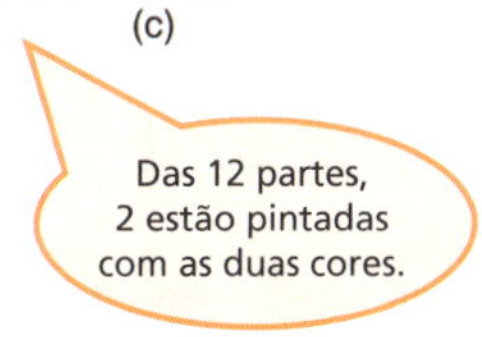

Figura 6.2 Multiplicação de frações com o modelo de área.

a. $\frac{2}{3}$ do bolo são pintados de roxo.

b. $\frac{1}{4}$ do bolo é pintado de azul.

c. $\frac{2}{12}$ do bolo são pintados de roxo e azul.

* N. de R.T. As autoras utilizam linguagem informal para se referirem ao corte da representação da forma (assadeira) do bolo, como: corte do bolo, corte da forma do bolo ou simplesmente corte ou fração da forma. Usaremos essa mesma linguagem no decorrer desta atividade.

pode registrar no quadro ou em um cartaz alguns exemplos encontrados. Por exemplo, eles poderão cortar o bolo verticalmente ou horizontalmente em três partes iguais. Certifique-se de que estejam construindo modelos retangulares, esclarecendo que a base do bolo é um retângulo, se necessário.

Quando a turma tiver clareza sobre como seria a aparência da forma, diga aos alunos que hoje à noite alguém vai comer $\frac{1}{4}$ do que sobrou. Pergunte: que fração *do bolo* essa pessoa comerá? Enfatize que o bolo é a unidade, ou o inteiro, e certifique-se de que eles entenderam que a pessoa comerá $\frac{1}{4}$ do que resta na forma, mas que você quer saber a que fração do bolo inteiro isso corresponde.

Explore

As duplas trabalham para responder às seguintes perguntas: que fração *do bolo* a pessoa comerá? Como você vai mostrar ou desenhar essa situação? Os alunos podem usar todos os tipos de materiais para fazer um modelo para encontrar soluções e criar provas visuais. Eles poderão querer usar o Modelo da forma de bolo, desenhar seus próprios retângulos ou fazer dobraduras em um papel. Alguns talvez achem a cartolina marrom particularmente útil para fazer o modelo da forma de bolo. Encoraje-os a criar um modelo que consigam explicar de modo que os colegas fiquem convencidos da sua solução.

Discuta

Reúna os alunos para que compartilhem estratégias e provas visuais. Faça um cartaz para mostrar as diferentes formas pelas quais os alunos resolveram o problema. Você pode colar o trabalho dos alunos no cartaz para mostrar seus diferentes modelos. Discuta as questões a seguir:

- Que fração do bolo a pessoa comerá?
- Como podemos determinar isso usando uma prova visual?
- O que os diferentes modelos têm em comum?

Na discussão, certifique-se de que os alunos cheguem a um consenso quanto a uma solução e aos modelos que fazem sentido. Você pode perguntar qual das provas visuais eles acham mais convincente ou qual delas faz mais sentido no momento, e eles devem explicar por quê.

Faça também um segundo cartaz contendo uma tabela de três colunas com títulos, como apresentado na imagem abaixo. Preencha a tabela para esse primeiro problema, usando as frações que os alunos encontraram para a solução.

Em seguida, introduza a segunda parte da atividade. Desenhe outro bolo no quadro ou em uma cartolina, mostrando $\frac{2}{3}$ restantes, como no início do primeiro problema. Então, faça a pergunta, lembrando aos alunos que eles são responsáveis por escolher, com o colega, que fração do bolo alguém poderia comer. Essa quantidade pode ser grande ou bem pequena.

Explore

Os alunos retornam às duplas para explorar a tarefa. Considerando-se uma forma em que restam $\frac{2}{3}$ do bolo, que fração alguém *poderia* comer? Que fração *de todo o bolo* essa pessoa comeria? Os alunos escolhem as frações com as quais querem trabalhar e criam provas visuais para as porções comidas. Eles

Fração restante de bolo	Fração do bolo restante comido hoje à noite	Fração de bolo inicial comido hoje à noite
$\frac{2}{3}$	$\frac{1}{4}$	$\frac{2}{12} = \frac{1}{6}$

poderão usar o mesmo tipo de prova visual que construíram na primeira tarefa ou experimentar uma maneira diferente, talvez algo que tenham percebido durante a discussão. Encoraje os alunos a experimentar diferentes frações e a criar provas claras para cada uma.

Discuta

Reúna os alunos para que compartilhem as diferentes frações que escolheram e a fração de bolo que seria comida. Preencha a tabela com as frações e peça que os alunos compartilhem as provas visuais. Certifique-se de que eles estejam apresentando provas convincentes e pergunte à turma se ela está convencida pelas evidências.

Depois que várias duplas tiveram a chance de compartilhar, peça que a turma olhe para a tabela que vocês fizeram juntos. Pergunte: que padrões vocês veem? Você pode deixar os alunos conversarem com um colega para que tenham tempo de observar e pensar. Na discussão dos padrões, incentive-os a examinar as fileiras e a prestar atenção à relação entre as frações em cada maneira de cortar os pedaços de bolo. Eles poderão observar que a resposta é a fração formada pelo produto dos numeradores sobre o produto dos denominadores. Para que isso não se torne simplesmente um truque, pergunte-lhes por que esse padrão faz sentido com os modelos que construíram. Pergunte: onde está a multiplicação? Se os alunos prontamente identificarem esses padrões, aproveite a oportunidade para nomear que o que eles estavam fazendo era *multiplicar* as duas frações, de modo que $\frac{2}{3} \times \frac{1}{4} = \frac{2}{12}$.

Fique atento

- **Os alunos entendem claramente o que cada fração representa?** A multiplicação de frações pode causar confusão porque a unidade muda no problema. Por exemplo, $\frac{2}{3}$ é a fração *do restante do bolo*, $\frac{1}{4}$ é a fração *que será comida do bolo restante* (ou de $\frac{2}{3}$) e a solução $\frac{2}{12}$ é a fração *do bolo inteiro*. Estimule os alunos a conversar sobre o que cada fração representa, analisando o significado dos numeradores e denominadores em cada caso.
- **Os alunos estão cortando o bolo em partes de mesmo tamanho?** Alguns alunos poderão traçar linhas em seus modelos – ou cortar – somente na porção dos pedaços de bolo que permanecem. Isso cria regiões de diferentes tamanhos,* dificultando a identificação da fração *do bolo* que está sendo comida. Se isso ocorrer, esclareça que as regiões são de diferentes tamanhos e pergunte se há uma maneira de cortar de modo que haja pedaços de tamanhos iguais. Alguns alunos talvez achem mais fácil fazer isso com dobraduras de papel do que desenhando.
- **Os alunos estão notando a relação multiplicativa entre as frações?** Um dos objetivos dessa tarefa é estimular os alunos a relacionar os modelos visuais para multiplicação. Quando os alunos examinam os padrões na tabela da turma, eles perceberão essa relação. E quando perceberem, você deverá nomear a atividade como multiplicação e mostrar uma sentença numérica que possa ser usada para representar os problemas. No entanto, se ainda não identificam esse padrão, você pode dar aos alunos mais tempo para trabalharem na criação de exemplos para a tabela ou pedir que retornem ao trabalho com o colega para procurar padrões antes de dizer que a atividade é de multiplicação.

Reflita

Como as formas de bolo estão relacionadas à multiplicação? Use um exemplo ou desenhe uma figura para deixar o seu pensamento claro.

---

* N. de R.T. As autoras referem-se à área das regiões como tamanho das regiões.

MODELO DA FORMA DE BOLO

PEÇAS E PARTES

Visão geral

Nesta atividade, criamos oportunidades para refletir sobre a multiplicação de uma fração por um número inteiro usando representações visuais de números para ajudar os alunos na solução de um quebra-cabeça com frações.

Conexão com a BNCC*

EF07MA11

Planejamento

Atividade	Tempo	Descrição/Estímulo	Materiais
Abertura	10-15 min	Mostre aos alunos a folha da atividade Números visuais e converse sobre os números representados e os padrões observados. Introduza o uso da representação visual para pensar sobre frações pedindo que os alunos procurem números em que possam ver $\frac{1}{4}$ desses números.	• Folha da atividade Números visuais, para mostrar. • Lápis de cor e canetinhas. • Opcional: Folha da atividade Números visuais, uma por aluno ou dupla.
Brinque	30+ min	As duplas usam a folha da atividade Números visuais para identificar os números em que $\frac{1}{2}$, $\frac{1}{3}$ e $\frac{1}{4}$ deles resultem em um número inteiro. Os alunos também podem procurar um número não mostrado na folha da atividade Números visuais que atenda a essas condições.	• Folha da atividade Números visuais, muitas cópias por dupla. • Lápis de cor e canetinhas.
Discuta	15-20 min	Discuta as estratégias que os alunos desenvolveram para encontrar números que atendam a essas condições. Procure padrões nas soluções que os alunos identificaram e considere como esses padrões ajudam os alunos a pensar sobre outros números que possam satisfazer as condições.	• Cartaz. • Folha da atividade Números visuais, para mostrar e marcar. • Lápis de cor e canetinhas.
Amplie	30+ min	Escolha duas ou três novas frações unitárias para servir como novas condições e use a folha da atividade Números visuais para encontrar soluções para essas frações.	• Folha da atividade Números visuais, muitas cópias por dupla. • Lápis de cor e canetinhas.

Para o professor

O objetivo da atividade é proporcionar aos alunos uma experiência visual de multiplicação de uma fração por um número inteiro antes de nomearmos essa ação como multiplicação de frações. Aqui, os alunos apenas pensam em encontrar uma fração *de* um número inteiro. Posteriormente, pode-se substituir a palavra *de* por um símbolo de multiplicação,

* N. de R.T. No original, conexão com o CCSS: 5.NF.4 (ver nota na página 136).

e os alunos terão duas formas equivalentes e úteis para pensar sobre multiplicação: $\frac{1}{3} \times 18$ é o mesmo que $\frac{1}{3}$ de 18. Encorajamos você a aproveitar as diversas conexões que os alunos provavelmente farão enquanto usam a folha da atividade Números visuais para explorar o problema. De modo implícito eles poderão oscilar entre pensar em encontrar, por exemplo, $\frac{1}{4}$ de 20 e dividir 20 por 4 para obter 5; poderão pensar em encontrar números que "funcionam"* com $\frac{1}{3}$ contando de 3 em 3 ou nomeando os múltiplos de 3 (isto é, 3, 6, 9, 12, 15, 18 e assim por diante); poderão dizer que todos os números pares funcionam com $\frac{1}{2}$. Em cada um desses casos, eles farão conexões entre identificação de frações de números inteiros, divisores, múltiplos, propriedades de números, multiplicação e divisão. São conexões úteis que tornarão o pensamento dos alunos mais flexível e baseado na busca de significado, em vez de procedimentos. Encorajamos você a fazer essas observações em voz alta quando elas ocorrerem e a perguntar se as conexões são sempre verdadeiras ou apenas algumas vezes. Por exemplo: vocês estão dizendo que podem encontrar $\frac{1}{3}$ de *todos* os múltiplos de 3? Por quê?

ATIVIDADE

Abertura

Inicie a tarefa mostrando a folha da atividade Números visuais em um projetor. Se os alunos nunca viram essa representação visual, dê a eles alguns minutos para procurarem padrões e conversarem com um colega sobre o que observam. Você pode entregar uma cópia para que possam vê-la de perto enquanto fazem isso. Se os alunos estiverem familiarizados com a representação visual, você poderá perguntar a eles o que lembram sobre esses números e como eles usaram a representação visual anteriormente.

Peça que os alunos compartilhem os padrões que observam ou recordam. Se ninguém indicar os números que estão representados, pergunte que números cada figura mostra. Registre o número de cada representação visual na folha de atividade que está sendo mostrada à turma de modo que todos possam ver a estrutura, bem como os outros padrões observados. Encorajamos você a usar cores variadas para mostrar os diferentes padrões identificados.

Diga que essas representações podem ser usadas para explorar números inteiros, como podem ter feito no passado, mas que agora irão usá-las para explorar frações. Peça que os alunos olhem para as representações visuais novamente e pergunte: se quisermos como resposta um número inteiro, de quais números nessa página vocês conseguem encontrar $\frac{1}{4}$? Dê um minuto para conversarem e então selecione algumas sugestões, juntamente com o raciocínio utilizado. Chame atenção para as maneiras como podem usar as representações visuais como evidência e marque na folha da atividade Números visuais os modos como os alunos identificaram $\frac{1}{4}$.

Apresente o problema e certifique-se de que os alunos estejam procurando números em que possam encontrar $\frac{1}{2}$, $\frac{1}{3}$ e $\frac{1}{4}$ desses números e obter um número inteiro como resposta em cada caso.

Brinque

Os alunos trabalham em duplas com cópias da folha da atividade Números visuais para marcar com lápis de cor e canetinhas, se quiserem, e exploram os seguintes problemas:

- Vocês conseguem encontrar um número representado nessa página em que $\frac{1}{2}$, $\frac{1}{3}$ e $\frac{1}{4}$ desse número resulte em um nú-

* N. de R.T. Nessa situação, o termo "funciona" é adotado pelas autoras para identificar um número que permita ao aluno obter o resultado esperado, nesse caso, ser múltiplo de 3.

mero inteiro? Que números satisfazem essas condições vocês conseguem encontrar?

- Que números não representados nessa página satisfazem essas condições? Como vocês poderiam desenhá-los? Como vocês poderiam usar as representações para provar que eles satisfazem as condições?

Inicialmente, os alunos talvez queiram trabalhar com cada fração separadamente, usando uma folha da atividade Números visuais para identificar números a partir dos quais conseguem encontrar $\frac{1}{2}$, depois $\frac{1}{3}$ e assim por diante. Eles poderão examinar diferentes folhas para determinar que números elas têm em comum. Como alternativa, podem decidir procurar número a número. Por exemplo, podem começar com o número 1 e perguntar: posso encontrar $\frac{1}{2}$ dele? E $\frac{1}{3}$? E $\frac{1}{4}$? Essa estratégia possibilita que os alunos eliminem números ou encontrem soluções, uma a uma. Essas são apenas duas abordagens que os alunos poderão usar, e certamente existem outras. Encoraje-os a desenvolver o próprio processo e a pensar em como ser sistemáticos.

Discuta

Reúna os alunos e, com a folha da atividade Números visuais, discuta as seguintes questões:

- Que estratégias vocês usaram para encontrar um número em que $\frac{1}{2}$, $\frac{1}{3}$ e $\frac{1}{4}$ dele resulte em um número inteiro?
- Como podemos usar as representações visuais para provar que esses números satisfazem as condições?
- Que padrões vocês observam nos números que satisfazem as condições?
- Que números não representados também poderiam satisfazer essas condições? Como vocês determinaram? Como os padrões das soluções nos ajudam a prever resultados com números maiores? Como esses padrões podem ser desenhados?

Use cópias em branco da folha da atividade Números visuais e cartolina para registrar as estratégias dos alunos a fim de identificar soluções e eliminar números que não funcionam. Enquanto os alunos estão compartilhando seu raciocínio, peça-lhes que digam não só quais números têm um número inteiro como solução do problema, mas qual é essa solução. Por exemplo, eles podem dizer que é possível encontrar $\frac{1}{2}$ de 14. Continue perguntando: quanto é $\frac{1}{2}$ de 14? Escreva as respostas no quadro ou na folha da atividade Números visuais como parte das evidências: $\frac{1}{2}$ de 14 é 7. Registrar dessa forma facilitará a identificação de padrões numéricos pelos alunos e a conexão com os padrões visuais na folha.

Amplie

Escolha um conjunto diferente de duas ou três frações unitárias e observe que números os alunos conseguem encontrar que satisfaçam as condições anteriores. Você pode deixá-los escolher as duas ou três frações unitárias com um colega, a turma pode escolher em conjunto ou você mesmo pode fazê-lo. Tenha em mente que algumas combinações de frações unitárias, como $\frac{1}{10}$, $\frac{1}{4}$ e $\frac{1}{8}$, não levarão a nenhuma solução na folha da atividade Números visuais. Isso pode ser interessante por si só, levando à pergunta: isso significa que não há números que satisfaçam essas condições? Para alguns alunos, no entanto, poderá ser frustrante. Algumas combinações interessantes podem ser: $\frac{1}{3}$, $\frac{1}{5}$ e $\frac{1}{10}$, ou $\frac{1}{2}$ e $\frac{1}{7}$.

Fique atento

- **Os alunos estão fazendo conexões entre frações e divisores?** Os números a partir dos quais os alunos podem encontrar $\frac{1}{2}$ também são aqueles que têm 2 como divisor e são pares. Conectar essas ideias matemáticas é a chave dessa tarefa. Também faz sentido multiplicar por $\frac{1}{2}$ como equivalente a dividir por 2; enquanto os alunos brincam com as representações visuais, destaque como alternam seus raciocínios entre essas diferentes ideias e fazem conexões entre frações, multiplicação, divisão, fatores, múltiplos e propriedades numéricas. Você pode discutir algumas dessas ideias com a turma e debater se elas são sempre verdadeiras. Por exemplo, pode afirmar que uma dupla teve a ideia de que todos os números em que é possível encontrar $\frac{1}{2}$ são pares, e pergunte se a turma concorda ou discorda e por quê. Você pode escrever no quadro as diferentes conexões e observações e pedir aos alunos que tentem encontrar algum contraexemplo.

- **Os alunos estão pensando sistematicamente?** Alguns alunos podem começar com um palpite e explorá-lo primeiro. Por exemplo, uma dupla pode considerar 12 um número flexível* e que talvez seja uma solução. É bom como um ponto de partida. Mas quando começarem a brincar com as diferentes frações e representações visuais, precisarão de um sistema se desejarem encontrar todos os números que satisfaçam as condições do problema. Pergunte como eles determinarão quais números funcionam e quais não funcionam. Você também pode sondar os palpites com os quais os alunos começaram, pois poderão estar baseados em suposições úteis. Por exemplo, a noção de que 12 é flexível é útil devido aos seus vários divisores. Se os alunos conseguirem articular isso, então poderão ser levados a rapidamente testar e eliminar diversos outros números, como os primos.
- **Como os alunos estão organizando o trabalho para identificar padrões úteis?** Manipular três frações e 35 representações visuais em vários pedaços de papel pode ser um desafio organizacional. Incentive-os a pensar sobre como irão monitorar o que observam de modo que possam usar essas informações para buscar soluções. Você pode perguntar: colorir vai ajudar? Que etiquetas poderiam ser úteis? Qual é a função de cada pedaço de papel? Como vocês estão registrando o que funciona e o que não funciona?

Reflita

O que significa encontrar $\frac{1}{5}$ (ou $\frac{1}{3}$ ou $\frac{1}{4}$) de um número? Use exemplos ou desenhos que ilustrem a sua explicação.

* N. de R.T. As autoras usam o termo "flexível" para identificar números que não sejam primos e que, por isso, tenham vários divisores. A expressão "números flexíveis" é usada de maneira recorrente nos textos das autoras.

FOLHA DA ATIVIDADE NÚMEROS VISUAIS

A SOMA DAS PARTES

Visão geral

Ampliamos o trabalho de encontrar uma fração a partir de um número inteiro para investigar e criar provas visuais para os problemas com frações. Chamamos de multiplicação a tarefa de encontrar uma fração *de* um número inteiro.

Conexão com a BNCC*

EF07MA11

Planejamento

Atividade	Tempo	Descrição/Estímulo	Materiais
Abertura	5-10 min	Relembre os alunos do trabalho anterior com frações com a folha da atividade Números visuais. Apresente o problema e certifique-se de que as condições estejam claras. Peça que os alunos resolvam e apresentem evidências com o maior número de soluções possíveis.	• Folha da atividade Números visuais (da atividade **Brinque**), para projetar.
Explore	30+ min	As duplas trabalham para resolver o problema: "Tenho quatro números diferentes. Quando tiro $\frac{1}{2}$ de um número, $\frac{1}{3}$ de outro número, $\frac{1}{4}$ de outro e $\frac{1}{5}$ do último número e somo todos, obtenho o total de 20. Quais são os meus quatro números?". Os alunos registram evidências das soluções usando figuras, números e/ou palavras.	• Disponibilize muitas folhas da atividade Números visuais por dupla. • Baralhos de Cartas de partes visuais numéricas por dupla. • Tesoura. • Lápis de cor e canetinhas.
Discuta	20+ min	Discuta as soluções e as evidências. Nomeie o trabalho como multiplicação e demonstre formas de reescrever as soluções com sentenças numéricas. Determine uma forma de organizar as soluções e procure padrões.	• Cartolina e lápis de cor e canetinhas. • Opcional: outros recursos para organizar as soluções, como papel e lousa.
Amplie	30+ min	Modifique a tarefa para basear-se em áreas de interesse dos alunos, mudando a soma ou o número dos valores ou solicitando que escrevam seus próprios problemas.	• Disponibilize folhas da atividade Números visuais, lápis de cor e canetinhas.

Para o professor

Essa investigação nomeia uma ideia importante – a multiplicação de uma fração por um número inteiro – e introduz uma segunda, o agrupamento de símbolos.** Apesar de os alunos já terem trabalhado com a noção de encontrar uma fração de um número intei-

* N. de R.T. No original, conexão com o CCSS: 5.NF.4 (ver nota na página 136); na BNCC, não há habilidade correspondente à 5.OA.1 – Usar parênteses, colchetes ou chaves em expressões numéricas e avaliar expressões com esses símbolos.

** N. de R.T. Esse termo refere-se às representações visuais das partes de um número, contidas na folha da atividade Números visuais, que deverão ser agrupadas para representar a solução de determinado problema.

ro, nessa tarefa essa operação será formalizada como multiplicação e compartilharemos com eles formas convencionais de registrar o trabalho. Se os alunos ainda não tiveram experiência com agrupamento de símbolos, você não precisará explicar todos os detalhes do seu uso, por ora é suficiente mostrar como esses símbolos agrupam as diferentes partes do problema e facilitam a identificação dos elementos da solução. A introdução de novos símbolos costuma levar os alunos a tentar várias soluções, algumas vezes de forma convencional e outras não. Essa tarefa é uma boa oportunidade para os alunos experimentarem o uso de parênteses sem ainda refletir com profundidade e precisão sobre a ordem das operações.

Enquanto investigam, os alunos poderão procurar formas mais eficientes de resolver o problema. Eles podem pesquisar sistematicamente todos os números dos quais podem encontrar $\frac{1}{2}$ ou $\frac{1}{4}$, e assim por diante, e registrar essas possibilidades em uma tabela, lista ou pilha de Cartas de partes visuais numéricas. Dessa maneira, podem criar um cardápio de opções a serem usadas para encontrar múltiplas soluções. Esse tipo de busca por padrões deve ser incentivado. Os alunos também precisarão encontrar a prova visual para cada solução, a fim de confirmar o que encontraram usando números.

ATIVIDADE

Abertura

Inicie a tarefa exibindo a folha da atividade Números visuais em um projetor e relembrando aos alunos o número de representações visuais que eles usaram na atividade **Brinque**. Você pode revisitar os quadros que criaram encontrando frações a partir das representações, lembrando dos padrões ou das conexões observadas. Diga-lhes que agora continuaremos a pensar em encontrar uma fração *de* um número inteiro e apresente o problema. Certifique-se de que as condições do problema estejam claras antes de iniciar o trabalho. Diga aos alunos que você gostaria que eles encontrassem o máximo de maneiras para resolver o problema e, para cada solução, devem registrar as evidências, podendo incluir uma combinação de figuras, números e palavras.

Explore

Os alunos trabalham em duplas para investigar o seguinte problema:

- Tenho quatro números diferentes. Quando retiro $\frac{1}{2}$ de um número, $\frac{1}{3}$ de outro número, $\frac{1}{4}$ de outro e $\frac{1}{5}$ do último número e somo os resultados, terei o total 20. Quais são os meus quatro números?
- Encontrem o número máximo de maneiras para resolver o problema. Para cada solução, apresentem uma prova visual, registros, na folha da atividade Números visuais.

Disponibilize folhas da atividade Números visuais, baralhos de Cartas de partes visuais numéricas, tesoura, lápis de cor e canetinhas. Alguns alunos talvez queiram usar os baralhos de cartas para criar uma pilha de números dos quais possam encontrar $\frac{1}{2}$, $\frac{1}{3}$, $\frac{1}{4}$ ou $\frac{1}{5}$. Como alternativa, eles podem usar as cartas como um recurso para escrever expressões, colocando-as lado a lado e, assim, expor visualmente as partes da sua solução. Eles têm liberdade para usar mais números do que os que são apresentados na folha da atividade Números visuais, mas, nesse caso, devem desenhar esses números como parte das suas evidências. Veja a Figura 6.3 para um exemplo.

Discuta

Faça um quadro com a descrição das estratégias adotadas pelos alunos, os exemplos das suas evidências e discuta as seguintes questões:

- Que soluções vocês encontraram?
- Como usaram o que encontraram para ajudar na busca por novas soluções?

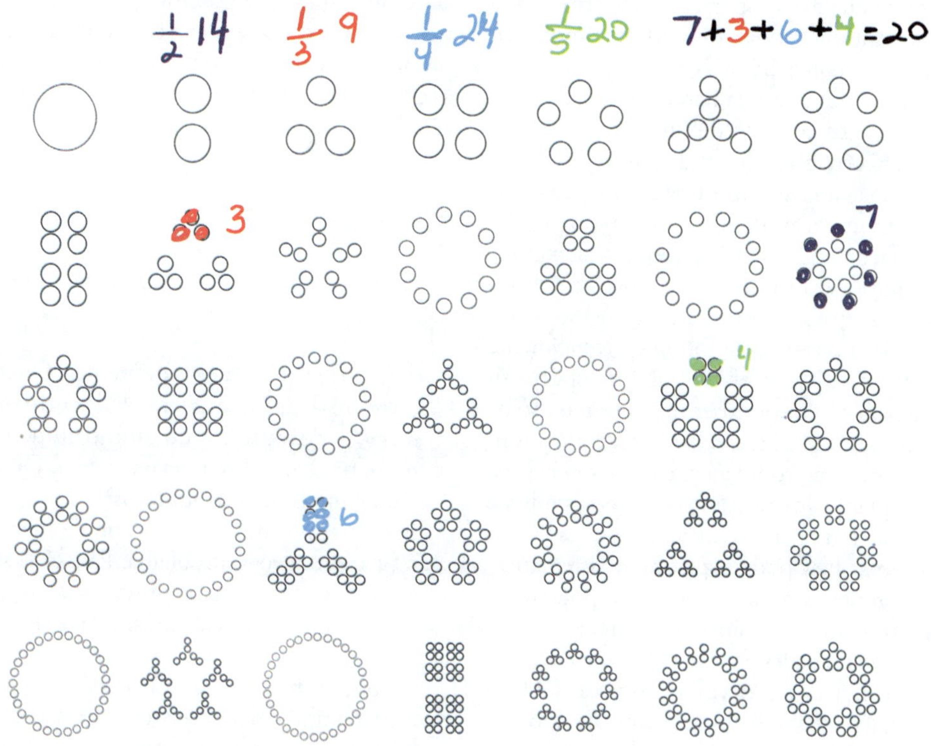

Figura 6.3 Exemplo do trabalho de um aluno mostrando uma solução.

Mostre como transformar as descobertas dos alunos em sentenças numéricas nomeando o que estão fazendo como *multiplicação*. Por exemplo, diga-lhes que afirmar que $\frac{1}{5}$ de 20 é 4, é equivalente a afirmar que $\frac{1}{5} \times 20 = 4$. Peça ajuda dos alunos para reescrever algumas partes de uma solução como sentenças numéricas envolvendo multiplicações e adições, que podem ser combinadas em uma única expressão usando parênteses para mostrar a solução inteira: $(\frac{1}{2} \times 10) + (\frac{1}{3} \times 24) + (\frac{1}{4} \times 12) + (\frac{1}{5} \times 20) = 20$.

Então, peça que os alunos examinem em grupo todas as soluções que encontraram. Pergunte: existe alguma forma de organizá-las para procurar padrões? Dê um momento para conversarem sobre as ideias entre si e discuta o assunto com a turma. Os alunos poderão sugerir algum tipo de tabela, reescrever todas as soluções usando expressões, escrever cada solução em uma folha de papel ou organizá-las em um cartaz de alguma maneira. Cheguem a um acordo sobre a forma de organização e exiba todas as soluções de modo que consigam encontrar padrões, depois implemente o plano. Observando as soluções organizadas, discuta as seguintes questões:

- O que vocês observam sobre as nossas soluções?
- Que números todos nós usamos com mais frequência? Por quê?
- Que números não foram usados? Por quê?
- Como você usaria esses padrões para procurar outras soluções?

Se os alunos estiverem interessados, você poderá pedir que retornem e procurem soluções adicionais usando as observações da discussão.

Amplie

Modifique a tarefa para adequá-la a áreas de interesse dos alunos. Peça que trabalhem para escrever as soluções com expressões numéricas. Você poderá perguntar:

- Que conjunto de números satisfaz as condições se a soma for 30 [ou outro número que os alunos escolherem]?
- E se vocês tiverem cinco números e ampliarem a tarefa para incluir $\frac{1}{6}$ de um número e a soma dos cinco números continuar sendo 20?
- Escolham sua própria lista de quatro frações unitárias. Que soluções vocês conseguem encontrar usando essas quatro frações, cuja soma dos produtos é igual a 20?

Ou, peça que os alunos escrevam e tentem resolver seus próprios problemas. Eles poderão encontrar problemas que não tenham solução, que tenham apenas uma solução ou várias. Todos são interessantes para investigar e provar.

Fique atento

- **Como os alunos estão monitorando os elementos dos sistemas de organização que criaram?** Essa investigação exige que os alunos manipulem quatro frações de quatro números inteiros com uma soma máxima. Com tantos elementos, eles precisarão de sistemas para organizar as informações que estão coletando e usá-las para uma solução completa. Se você notar que os alunos estão um pouco perdidos em seu próprio trabalho, pergunte: que partes vocês já descobriram? Como conseguem registrá-las ou organizá-las de modo que possam ver o que encontraram ou o que ainda falta encontrar? Os alunos talvez queiram usar as folhas da atividade Números visuais, uma por solução, como uma forma de organização. Os registros geralmente ajudam a monitorar os valores, como, por exemplo, registrar $\frac{1}{2}$ de 14 como 7.
- **Os alunos estão usando uma solução que os ajude a encontrar alternativas?** Em vez de reiniciar a cada vez, os alunos podem modificar uma solução repetidamente para gerar alternativas. Alguns podem gostar de colocar etiquetas adesivas em cada parte da resolução para que possam reorganizar e encontrar novas soluções, como retirar $\frac{1}{2}$ de 14 = 7 e substituir $\frac{1}{2}$ de 10 = 5 para uma nova solução. Esse tipo de pensamento concentra-se na padronização e na estrutura subjacente do problema.
- **Como os alunos estão pensando sobre encontrar uma fração a partir de um número inteiro?** Eles podem conectar esse trabalho com multiplicação ou divisão de números inteiros ou com o trabalho feito na atividade **Brinque**. O uso da folha da atividade Números visuais poderá ser útil, mais uma vez, para que eles identifiquem e justifiquem com mais clareza o próprio pensamento.
- **Como os alunos estão traduzindo o trabalho em sentenças numéricas?** No final da tarefa, os alunos terão a oportunidade de reestruturar o trabalho como multiplicação de frações por um número inteiro e você também poderá apresentar o conceito de agrupamento de símbolos. Preste atenção a como os alunos estão conectando o significado dos símbolos ao próprio trabalho. Os símbolos devem servir como uma nova forma de rotular o pensamento existente, e o uso não convencional deles não significa necessariamente que os alunos não entenderam o trabalho durante a tarefa.

Reflita

Em que situação você imagina que pode precisar encontrar uma fração de um número inteiro? Escreva seu próprio problema de multiplicação de frações e o resolva.

FOLHA DA ATIVIDADE NÚMEROS VISUAIS

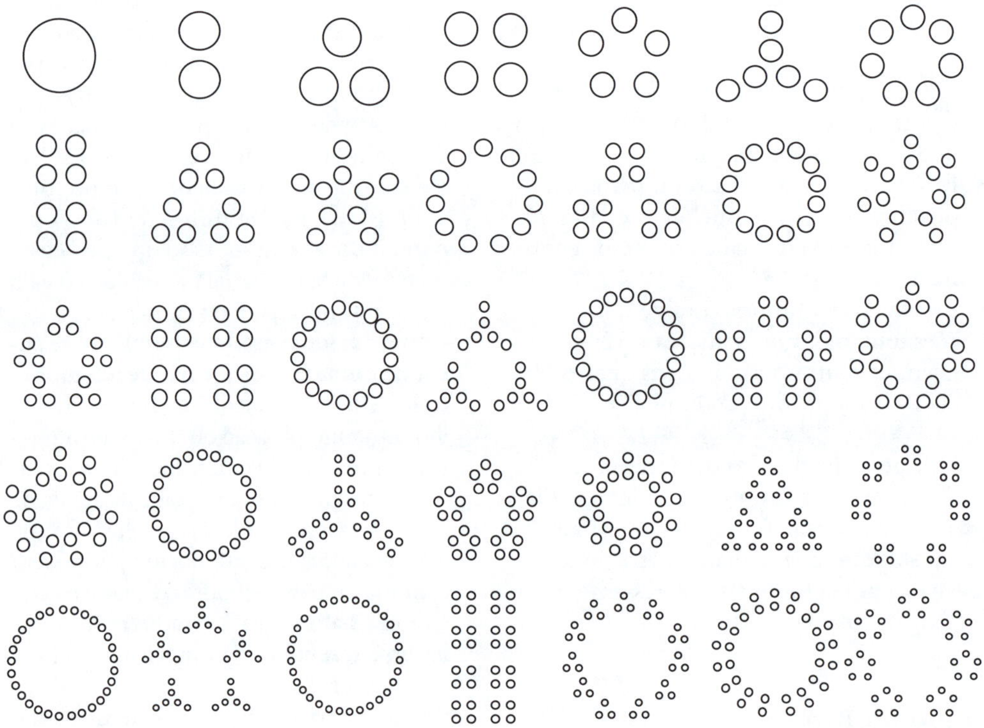

CARTAS DE PARTES VISUAIS NUMÉRICAS

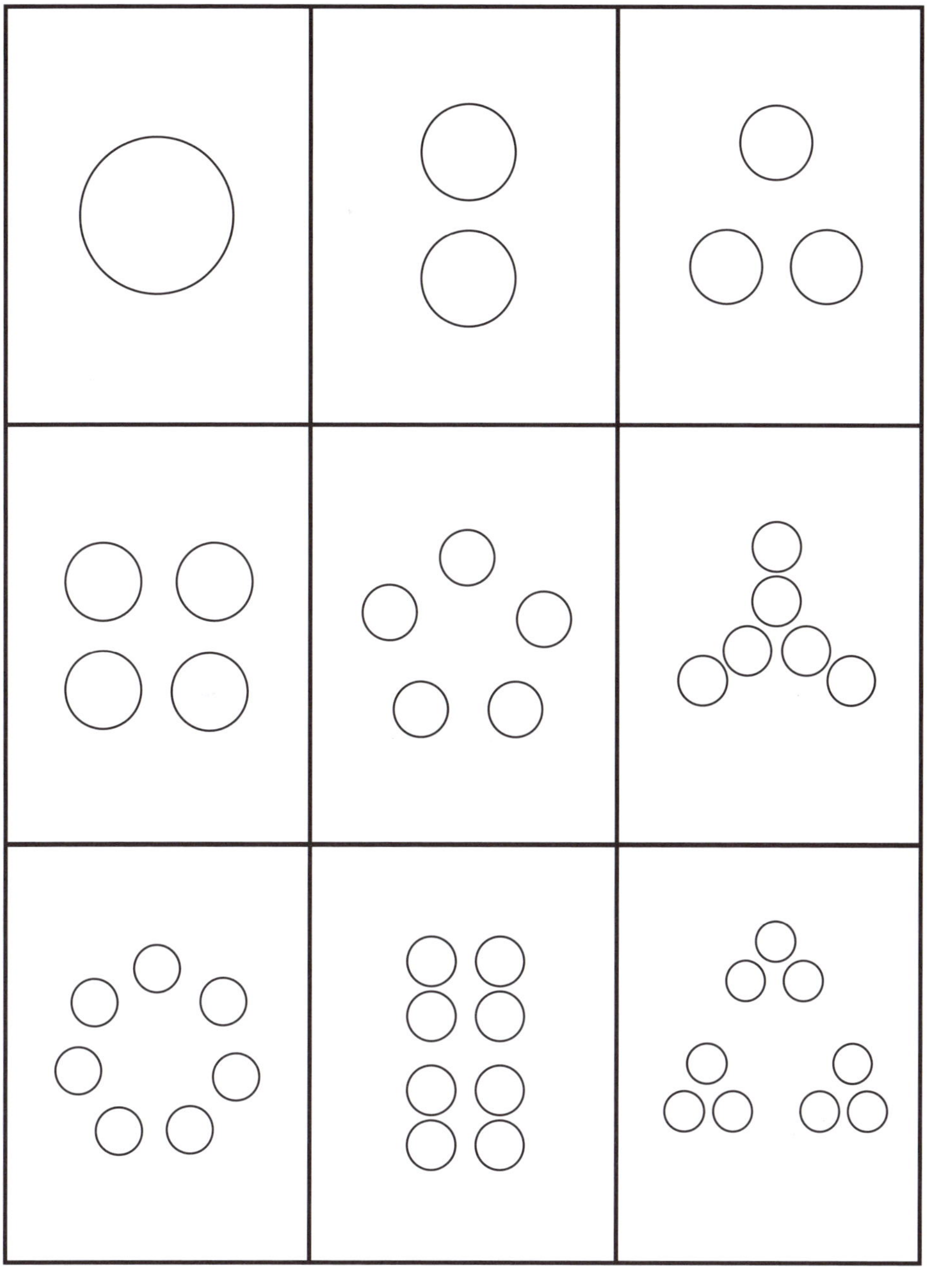

CARTAS DE PARTES VISUAIS NUMÉRICAS

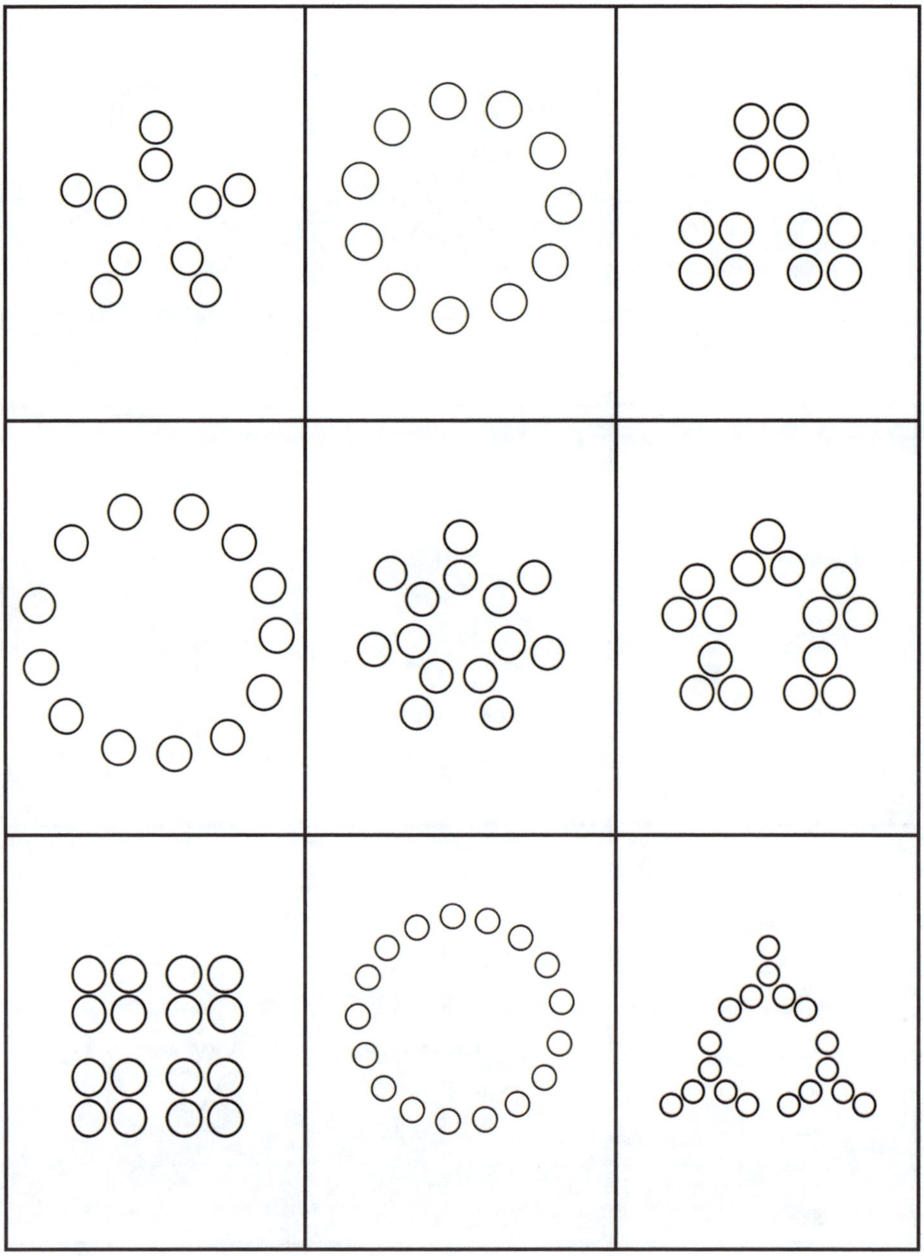

CARTAS DE PARTES VISUAIS NUMÉRICAS

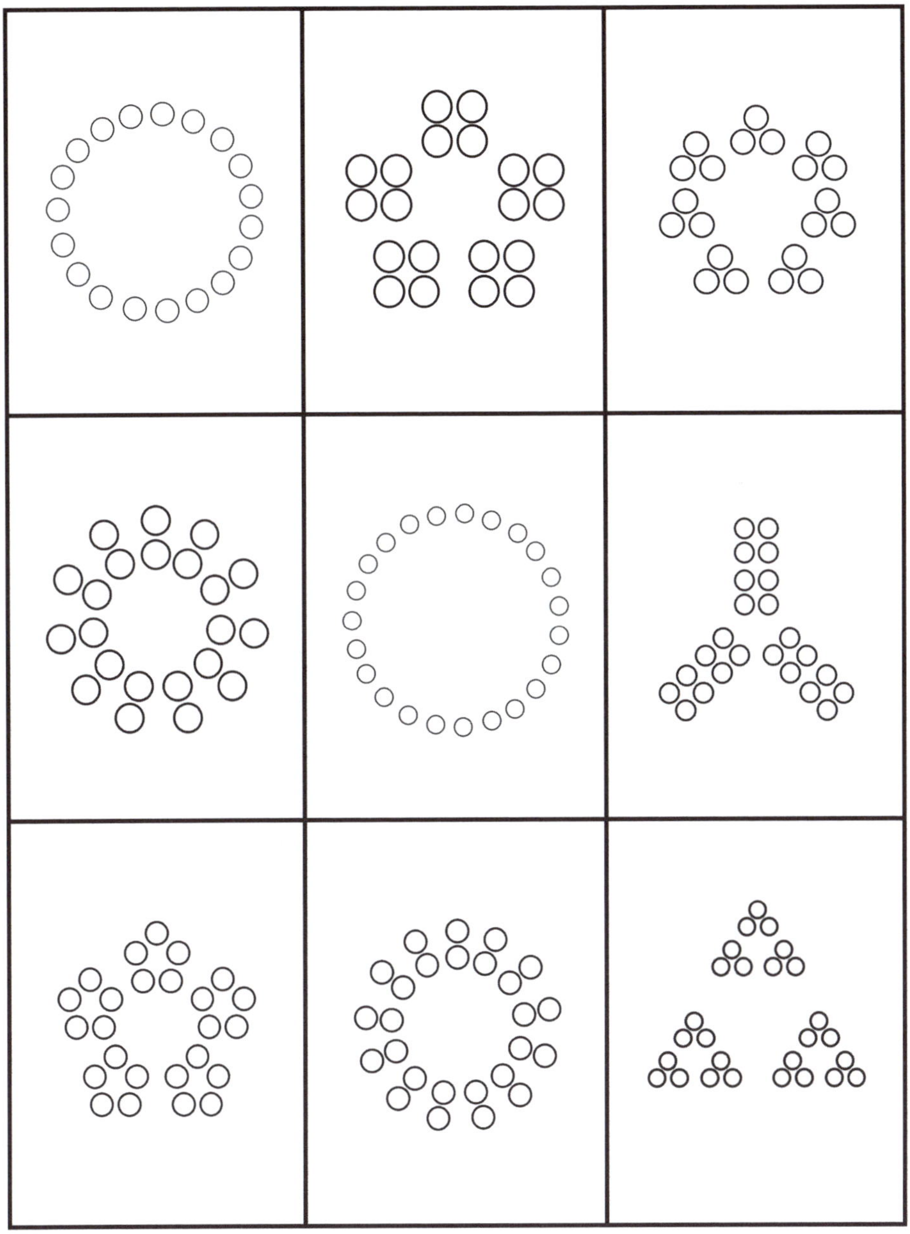

CARTAS DE PARTES VISUAIS NUMÉRICAS

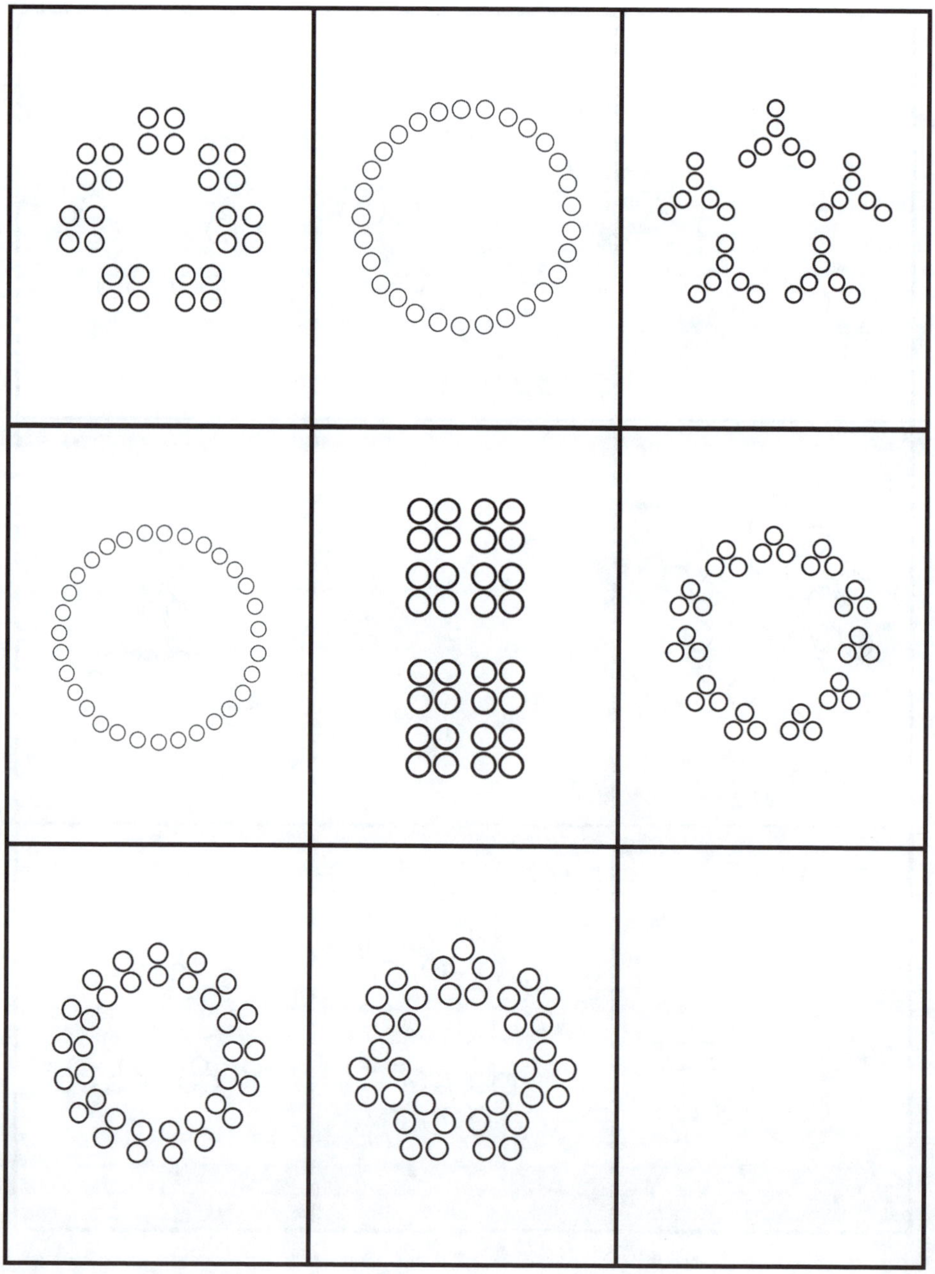

O QUE SIGNIFICA DIVIDIR FRAÇÕES?

"O que significa dividir frações?" é o nome desta ideia fundamental, e é também uma excelente pergunta! Muitas pessoas – adultos e crianças – ficam confusas com essa questão, o que não é de causar surpresa, pois dividir por frações é algo que raramente fazemos em nossas vidas. Ao serem apresentadas a um problema como 1 dividido por $\frac{1}{3}$, muitas pessoas o interpretarão como $1 \times \frac{1}{3}$. Liping Ma (2010), no livro *Knowing and teaching elementary mathematics*, descobriu que isso ocorre até mesmo entre professores dos primeiros anos do ensino fundamental. Quando professores norte-americanos receberam questões que requeriam que dividissem por uma fração, vários deles multiplicaram pela fração. Liping Ma comparou professores norte-americanos com professores da China e constatou que os professores da China são completamente diferentes. Os docentes chineses conseguiam dividir por frações e não as multiplicavam, pois o sistema educacional da China ensina a compreensão profunda e conceitual daquilo que chama de matemática fundamental. Na China, os professores não tentam aprender, nem são pressionados a saber matemática de nível superior como os professores norte-americanos. No entanto, eles têm uma compreensão rica e conectada da matemática elementar. É essa compreensão conceitual que esperamos encorajar professores e alunos neste livro.

Uma forma de dividir por frações é "inverter e multiplicar", mas novas pesquisas demonstraram que os conceitos de que os alunos precisam para compreender esse algoritmo e usá-lo se estendem para além dos conceitos aprendidos até o 5º ano do ensino fundamental (CORDERO, 2017). Se os alunos usarem o algoritmo sem compreendê-lo, estarão vulneráveis a pensar na matemática como uma disciplina de regras sem sentido que devem recordar e usar, mas não entender, o que é um pensamento perigoso. Queremos que os alunos estejam engajados na busca de significados o tempo todo e que vejam a matemática como uma disciplina que faz sentido. Nesta ideia fundamental, trabalhamos para criar situações e problemas que oferecerão aos alunos uma compreensão do que acontece quando eles dividem por frações. Eles visualizarão o processo e perceberão o resultado. Pode ser necessário realizar raciocínios complexos – o que é bom, pois isso possibilitará que sinapses e neurônios entrem em ação no cérebro dos alunos!

Na atividade **Visualize**, os alunos pensarão na confecção de cartões. Isso estabelece uma situação real que envolve a divisão de frações a serem demonstradas para a turma. Também possibilita que os alunos façam escolhas enquanto criam diferentes cartões, que podem ser de todos os tipos de formas. Será bom que percebam que quando dividem por $\frac{1}{3}$, o número fica maior. Até o momento, eles talvez tenham se deparado com a divisão como uma tarefa que torna os números menores. Assim, é importante determinar que, quando dividimos por um número como $\frac{1}{3}$, a resposta é um número maior do que o número com o qual começamos. Peça que pensem sobre esta questão: por que isso acontece? Esse pensamento está na essência das três atividades desta ideia fundamental.

Na atividade **Brinque**, os alunos serão convidados a trabalhar com barras de Cuisenaire, um maravilhoso material manipulativo para aprender matemática em qualquer idade. Segurar e mover as barras enquanto os alunos pensam sobre divisão de frações estimulará diferentes áreas do cérebro e aprofundará a compreensão. Pedimos que os alunos construam com as barras e registrem as descobertas nas tabelas, o que também promoverá o desenvolvimento de conexões cerebrais.

Na atividade **Investigue**, os alunos serão solicitados a procurar pelos padrões que podem identificar ao dividir os números. Enquanto pensam em termos gerais sobre quando obtêm números ímpares como resultados, estarão ganhando uma boa experiência com a divisão de frações e poderão ser capazes de ir além de respostas específicas para identificar os padrões. Isso irá ajudá-los a entender o processo de divisão de frações. Também convidamos os alunos a fazer conjecturas, prevendo o que irá acontecer com os diferentes números. Essa é uma oportunidade para os alunos generalizarem e pensarem como matemáticos.

Jo Boaler

CRIANDO CARTÕES

Visão geral

Começamos a explorar a divisão com frações confeccionando cartões e cortando papel de modo que os alunos possam desenvolver intuição sobre o que significa essa operação.

Conexão com a BNCC*

EF07MA11, EF07MA12

Planejamento

Atividade	Tempo	Descrição/Estímulo	Materiais
Abertura	5 min	Mostre aos alunos uma folha de papel colorido e diga-lhes que você tem 6 folhas para confeccionar cartões. Quantos cartões você consegue fazer se precisar de $\frac{1}{3}$ de uma folha para fazer um cartão?	• Uma folha de papel colorido.
Explore	15 min	As duplas usam papel e desenham para refletir sobre como dividir 6 folhas em cartões de $\frac{1}{3}$ de uma folha de papel cada.	• Folha da atividade Criação de cartões. • Folhas brancas A4. • Tesoura.
Discuta	15 min	Discuta as estratégias e as soluções que os alunos encontraram. Reflita sobre as sentenças numéricas que podem ser usadas para registrar o que está acontecendo. Defina o trabalho como divisão com frações e introduza a próxima exploração.	• Cartolina e canetinhas.
Explore	20-30 min	As duplas mudam o tamanho dos cartões, tornando-os menores ou maiores, escolhendo uma fração de papel diferente para usar para um único cartão. Então, investigam como esse novo tamanho muda o número de cartões que podem ser feitos com 6 folhas de papel.	• Folha da atividade Criando cartões maiores ou menores, uma ou mais por dupla. • Folhas brancas A4. • Tesoura.
Discuta	15 min	Registre em uma tabela compartilhada pela turma as diferentes frações que os alunos investigaram e seus resultados. Use a tabela para discutir os padrões que surgem em função das mudanças no número de cartões feitos.	• Cartolina e canetinhas.
Amplie	15+ min	Os alunos fazem um *brainstorm* para outras situações nas quais podem dividir um número inteiro por uma fração.	

* N. de R.T. No original, conexão com o CCSS: 5.NF.7b – Interpretar a divisão de um número inteiro por uma fração de unidade e calcular tais quocientes. Por exemplo, criar um contexto de história para $4 \div (\frac{1}{5})$ e usar um modelo visual de fração para mostrar o quociente. Usar a relação entre multiplicação e divisão para explicar que $4 \div (\frac{1}{5}) = 20$ porque $20 \times (\frac{1}{5}) = 4$; 5.NF.7c – Resolver problemas envolvendo a divisão de frações unitárias por números inteiros diferentes de zero e a divisão de números inteiros por frações unitárias, por exemplo, usando modelos visuais de fração e sentenças numéricas para representar o problema. Por exemplo, quanto chocolate cada pessoa receberá se 3 pessoas dividirem igualmente $\frac{1}{4}$ kg de chocolate? Quantas porções de $\frac{1}{3}$ de xícara estão em 2 xícaras de passas?

Para o professor

Esta atividade está centrada em fazer cartões e no uso de papel como um modelo para dividir um número inteiro por uma fração unitária. Os alunos podem ter diferentes situações para fazer cartões, ou você pode ensinar a tarefa em uma época do ano em que frequentemente são trocados cartões. Talvez haja um evento na sua escola para o qual os alunos possam fazer convites, ou um feriado da comunidade, ou uma tradição de parabenizar os alunos em seus aniversários. Também sabemos que os feriados variam nas comunidades, portanto, evitamos nomear uma razão para confeccionar cartões nesta atividade. Adapte o contexto para confeccionar os cartões para que a atividade torne-se mais próxima da realidade dos alunos.

Um componente crítico para a tarefa é desenvolver intuição sobre a divisão com frações, o que para muitas pessoas desafia a razão. Os alunos provavelmente aprenderam que a divisão torna a resposta menor ou está relacionada com tornar as coisas menores, o que nem sempre funciona com frações. Os algoritmos para divisão entre números inteiros também não podem ser generalizados para a divisão com frações. Os alunos costumam aprender truques que não compreendem, cometendo erros que não percebem. Nesta tarefa, nosso esforço caminha no sentido de desenvolver um senso intuitivo do que está acontecendo quando perguntamos "quantas frações cabem em um número inteiro". Os alunos precisam ser capazes de recortar papel ou desenhar retângulos para ajudá-los a raciocinar e a justificar suas soluções. Esse contexto pode servir como uma âncora quando pensarem em problemas no futuro, de modo que possam imaginar o que está acontecendo fisicamente com os números e usar retângulos para ajudá-los com o modelo. Encorajamos você a ir devagar nestas tarefas e a incentivar os alunos a raciocinar sobre o que está acontecendo e como determinam o que faz sentido.

ATIVIDADE

Abertura

Inicie a tarefa mostrando aos alunos uma folha de papel colorido, pode ser uma folha de cartolina que você tem em sala de aula ou algo mais elaborado. Diga que você está se preparando para fazer cartões para dar aos amigos e à família. Você tem 6 folhas disponíveis e sabe que pode fazer um cartão com $\frac{1}{3}$ de uma folha de papel. Pergunte: quantos cartões posso fazer com o papel? Como vocês determinaram? Que formato eles poderiam ter?

Explore

Os alunos trabalham em duplas para descobrir quantos cartões poderão ser feitos com 6 folhas de papel se for necessário $\frac{1}{3}$ de uma folha para fazer um cartaz. Distribua papel (de qualquer tipo) para criar um modelo da tarefa e explorar as formas que os cartões poderão ter. Peça que os alunos registrem evidências da sua solução na folha da atividade Criação de cartões.

Depois que os alunos encontraram uma solução, encoraje-os a pensar sobre cartões com diferentes formatos. Pergunte: a forma dos cartões muda a quantidade de cartões que vocês podem fazer?

Discuta

Depois que os alunos tiverem a chance de explorar o primeiro problema, reúna-os para discutir as seguintes questões. Registre as contribuições em um cartaz para consulta futura, juntamente com exemplos dos modelos que eles usaram como evidências.

- Quantos cartões podemos fazer?
- Como vocês determinaram? Como sabiam que a sua resposta fazia sentido?

- Como vocês abordaram a solução do problema?
- Que sentenças numéricas podemos usar para indicar o que fizemos?
- Que forma os cartões poderiam ter? Como sabemos que cada cartão é $\frac{1}{3}$?
- Mudar o formato do cartão muda o número de cartões que vocês podem fazer?

Quando você discutir como registrar o pensamento dos alunos com sentenças numéricas, não deixe de ampliar o debate, se houver, sobre a operação que vocês estão realizando e como ela é registrada. Encoraje a turma a raciocinar sobre a operação e sobre se as sentenças numéricas sugeridas são adequadas ao que está acontecendo. É importante que, durante a tarefa, os alunos consigam identificar o trabalho como a divisão de um número inteiro por uma fração. Eles poderão fazer perguntas sobre como é possível que 6 dividido por $\frac{1}{3}$ possa ser um número tão grande quanto 18. Encorajamos você a explorar a questão com toda a turma e a raciocinar sobre como um resultado como esse faz sentido. Essa atividade desafia a compreensão dos alunos sobre divisão.

Explore

Pergunte: e se mudássemos a fração de uma das folhas de papel que usamos para fazer um cartão? Os alunos trabalham em duplas para explorar o que acontece quando eles criam cartões maiores ou menores. Encoraje-os a tentar algumas frações diferentes.

- Que fração de uma folha de papel vocês usariam para fazer um cartão?
- Se vocês ainda tiverem 6 folhas de papel colorido, quantos cartões poderão fazer?
- Que formato os cartões poderiam ter?

Para cada fração que os alunos experimentarem, peça que registrem seu pensamento nas folhas da atividade Criação de cartões maiores ou menores e registrem os resultados com sentenças numéricas.

Discuta

Depois que os alunos tiverem a chance de experimentar várias frações diferentes e de pensar sobre os resultados, reúna-os com suas evidências para discutir as questões seguintes. Faça um quadro ou tabela para registro das soluções para as diferentes frações experimentadas, semelhante à apresentada na Figura 7.1, e que o grupo possa usar para procurar padrões gerais.

- Que fração vocês escolheram? Quantos cartões conseguiram fazer?
- Que estratégias vocês usaram para resolver o problema?
- Como o número de cartões que vocês conseguiram fazer mudou quando mudaram a fração de papel necessária para fazer um cartão? Por que isso mudou?
- Alguém ficou com sobra de papel? Quanto? Como vocês determinaram?

Fração necessária para fazer um cartão	Número de cartões feitos	Sobra de papel	Sentença numérica

Figura 7.1 Fazendo o quadro de registro dos cartões.

Os alunos poderão observar a relação entre o "tamanho" da fração e o número de cartões que conseguem fazer. Eles também poderão começar a pensar sobre a relação entre o número de folhas de papel, a fração e o número de cartões. Fique atento caso escolham explorar somente frações unitárias, pois poderão generalizar demais a relação, achando que podem simplesmente multiplicar o número inteiro pelo denominador (p. ex., $6 \div \frac{1}{3} = 18$ porque $6 \times 3 = 18$). Destaque exemplos de frações não unitárias para ajudar os alunos a refletir sobre esse tipo de situação. Se eles não tiverem escolhido explorar esses tipos de frações, você poderá deliberadamente estimulá-los a pensar sobre o que acontece quando é preciso $\frac{2}{3}$ ou $\frac{3}{4}$ ou $\frac{3}{5}$ de uma folha de papel para fazer um cartão e peça que voltem a explorar essas situações antes de retornar à discussão.

Amplie

Peça que os alunos criem outras situações em que possam dividir um número inteiro por uma fração. Encoraje-os a fazer um *brainstorm* sobre o máximo de possibilidades possível. Os alunos podem criar situações gerais ou escrever problemas específicos. Em cada um dos casos, o objetivo é que possam ir além do caso específico de fazer cartões para considerar como esse tipo de divisão de frações ocorre no mundo real. Peça a eles que compartilhem os exemplos com os colegas para que você possa estimular todos eles a fazer conexões.

Fique atento

- **Como os alunos estão registrando o trabalho com sentenças numéricas?** Algumas vezes os modelos visuais dos alunos serão precisos e demonstrarão seu raciocínio, mas quando registram o trabalho com uma sentença numérica, poderão fazer isso de modo pouco convencional, como $\frac{1}{3} \div 6 = 18$ ou mesmo $6 \times 3 = 18$. Reconheça o entendimento que os alunos apresentaram durante o trabalho antes de chegarem nas convenções. Se, como em $\frac{1}{3} \div 6 = 18$, os alunos simplesmente inverteram a sentença numérica, pergunte-lhes o que significa quando dizemos que um número está sendo "dividido por" outro, e então pergunte se isso combina com o que escreveram. Os alunos costumam perceber o equívoco quando são chamados a pensar em voz alta. No caso de $6 \times 3 = 18$, é provável que seja isso o que os alunos estavam pensando e faz sentido, mas não é exatamente o que está acontecendo nessa situação. Assinale que o 3 não está inicialmente presente na operação e pergunte de onde ele veio. Você pode perguntar o que aconteceu ao $\frac{1}{3}$ e se existe uma forma de escrever uma sentença numérica que use $\frac{1}{3}$. É importante discutir com a turma a semelhança entre 6×3 e $6 \div \frac{1}{3}$ e posteriormente aumentar o nível de dificuldade examinando frações não unitárias.
- **Os alunos estão tentando usar um algoritmo?** É possível que alunos tenham sido expostos a algoritmos com frações sem a oportunidade de entendê-los, e eles talvez tentem resolver o problema algoritmicamente. Um erro comum nesse caso é $6 \div \frac{1}{3} = \frac{1}{18}$. Desafie-os a fazer um desenho para mostrar o que está acontecendo na situação e por que a solução deles faz sentido. Você pode perguntar: faz sentido que eu possa fazer $\frac{1}{18}$ de um cartão com as minhas 6 folhas de papel? Estimule-os a raciocinar sobre os números usando o contexto da situação e não deixe de levantar esta questão para a turma pensar a respeito durante a discussão.
- **Os alunos estão generalizando excessivamente o padrão da divisão e ignorando o numerador?** O desafio potencial de explorar apenas frações unitárias é que os alunos passarão a entender $6 \div \frac{1}{3}$ como igual a 6×3 e aprenderão a simplesmente mul-

tiplicar o denominador pelo número inteiro. A forma mais simples de evitar a generalização excessiva desse padrão (p. ex., os alunos pensarem que $6 \div \frac{3}{4} = 6 \times 4$) é simplesmente garantir que eles tenham a chance de abordar frações não unitárias e observar o que acontece. Se os alunos cometerem esse erro, estimule-os a raciocinar e a usar modelos que façam sentido. Ou seja, se cada cartão ficar maior e agora for $\frac{3}{4}$ de uma folha de papel, faria sentido que conseguíssemos fazer mais cartões? Como seria cortar o papel em cartões?

Reflita

Por que a divisão com frações pode levar a uma resposta maior do que o número com o qual você começou?

FOLHA DA ATIVIDADE CRIAÇÃO DE CARTÕES

Faça um esboço de como você divide seu papel e então responda a estas perguntas:

- Que fração do papel é necessária para fazer um cartão?
- Quantos cartões você consegue fazer com 6 folhas de papel?
- Você usou todo o papel? Sobrou alguma coisa? Quanto sobrou?

FOLHA DA ATIVIDADE CRIAÇÃO DE CARTÕES MAIORES OU MENORES

Faça um esboço de como você divide o papel e então responda a estas perguntas:

- Que fração do papel é necessária para fazer um cartão?
- Quantos cartões você consegue fazer com 6 folhas de papel?
- Você usou todo o papel? Sobrou alguma coisa? Quanto sobrou?

TRENS COM BARRAS DE CUISENAIRE

Visão geral

Os alunos usam barras de Cuisenaire para explorar os padrões que surgem ao dividir uma fração em peças de mesmo tamanho.

Conexão com a BNCC*

EF07MA11, EF07MA12

Planejamento

Atividade	Tempo	Descrição/Estímulo	Materiais
Abertura	10 min	Mostre aos alunos a imagem de um agrupamento de barras Cuisenaire, que denominamos trem de Cuisenaire, em que a barra maior representa $\frac{1}{2}$, e peça que discutam os valores das outras barras. Registre a maneira como os alunos pensaram em uma tabela da turma. Inicie a exploração.	• Barras de Cuisenaire. • Imagem do trem de Cuisenaire. • Quadro preparado como uma tabela ou uma cópia da folha da atividade Brincando com trens de Cuisenaire.
Brinque	30 min	As duplas escolhem uma barra inicial e atribuem a ela o valor de uma fração unitária: $\frac{1}{2}$, $\frac{1}{3}$, $\frac{1}{4}$, $\frac{1}{5}$, $\frac{1}{6}$ ou $\frac{1}{8}$. Então, constroem trens de Cuisenaire e determinam os valores das barras menores. Enquanto brincam com os diferentes valores e barras, registram as descobertas em uma tabela e procuram padrões.	• Conjuntos de barras de Cuisenaire, um por dupla. • Folha da atividade Brincando com trens de Cuisenaire, uma por aluno.
Discuta	15+ min	Discuta os diferentes valores que os alunos encontraram, registrando-os no quadro da turma, e as estratégias que desenvolveram. Discuta os padrões observados. Eles funcionam sempre?	• Lousa ou cartolina e canetinhas. • Barras de Cuisenaire.
Amplie	20+ min	Os alunos podem querer ampliar o problema para determinar se os padrões observados funcionam para todas as frações unitárias, mesmo aquelas mais difíceis, como $\frac{1}{7}$.	• Conjuntos de barras de Cuisenaire, um por dupla. • Folha da atividade Brincando com trens de Cuisenaire, uma por aluno.

Para o professor

Uma pequena observação sobre linguagem nesta tarefa: quando tomamos a barra de Cuisenaire maior, como a roxa que designamos como $\frac{1}{2}$ na abertura, e alinhamos barras menores de mesmo tamanho para criar o mesmo comprimento, usamos o termo *separação* para descrever essa ação. É tentador dizer que estamos *dividindo* a barra maior *em*

* N. de R.T. No original, conexão com o CCSS: 5.NF.7a – Interpretar a divisão de uma fração unitária por um número inteiro diferente de zero e calcular tais quocientes. Por exemplo, criar um contexto de história para $(\frac{1}{3}) \div 4$ e usar um modelo visual de fração para mostrar o quociente. Usar a relação entre multiplicação e divisão para explicar que $(\frac{1}{3}) \div 4 = \frac{1}{12}$ porque $(\frac{1}{12}) \times 4 = \frac{1}{3}$; 5.NF.7c (ver nota na página 157).

partes menores, porque é assim que falaríamos em uma conversa. No entanto, em matemática, “dividir em” tem um significado específico; pense, por exemplo, no que queremos dizer quando falamos: “Dividi 4 em 16”. A ordem faz a diferença e, pela primeira vez, os alunos estarão trabalhando com números que podem ser divididos em qualquer ordem, cada um com uma resposta diferente. Eles poderão dividir 2 por $\frac{1}{4}$ e encontrar 8 ou dividir $\frac{1}{4}$ por 2 e encontrar $\frac{1}{8}$. Quando os alunos trabalhavam somente com números inteiros, apenas uma ordem fazia sentido, e sabíamos o que os números significavam, mesmo quando tropeçávamos com a linguagem. Ao trabalhar com divisão de frações, você deve ser cuidadoso com a linguagem da divisão e ajudar os alunos a prestar atenção a isso. Essa precisão irá ajudá-los a construir, descrever e a manter modelos do que está acontecendo.

ATIVIDADE

Abertura

Inicie a atividade relembrando aos alunos o trabalho que fizeram na atividade **Visualize**, usando folhas de papel inteiras e descobrindo quantas frações de peças se encaixariam dentro delas. Agora, diga que exploraremos o que acontece quando começamos com peças fracionárias – em vez de peças inteiras – e examinaremos o que cabe dentro delas. Mostre uma barra de Cuisenaire roxa, diga que ela será $\frac{1}{2}$, e que você está se perguntando o que caberia dentro dela. Mostre aos alunos a imagem do trem de Cuisenaire na Figura 7.2, de uma barra de Cuisenaire roxa, duas vermelhas e quatro brancas empilhadas uma em cima da outra, ou use um projetor de imagens para mostrar barras reais organizadas dessa forma.

Diga aos alunos que você começou com uma barra roxa e a separou em partes iguais de duas maneiras diferentes. Se a barra roxa valer $\frac{1}{2}$, qual é o valor da vermelha? E da branca? Dê tempo para os alunos conversarem entre si, depois promova uma breve discussão sobre os valores, estimulando o raciocínio. Alguns alunos talvez queiram mostrar o que estão imaginando por meio de desenhos, fazendo anotações na imagem ou acrescentando novas barras. Registre o pensamento dos alunos em uma tabela que reflita a folha da atividade Brincando com trens de Cuisenaire ou uma cópia da própria folha de atividade, se você puder mostrá-la em projetor de imagens.

Se eu começar com um _ e assumir que vale ___...	**Então posso separá-lo igualmente em...**	**Portanto, cada um desses blocos vale...**
Roxo = $\frac{1}{2}$	2 vermelhas	Vermelho = $\frac{1}{4}$
Roxo = $\frac{1}{2}$	4 brancas	Branco = $\frac{1}{8}$

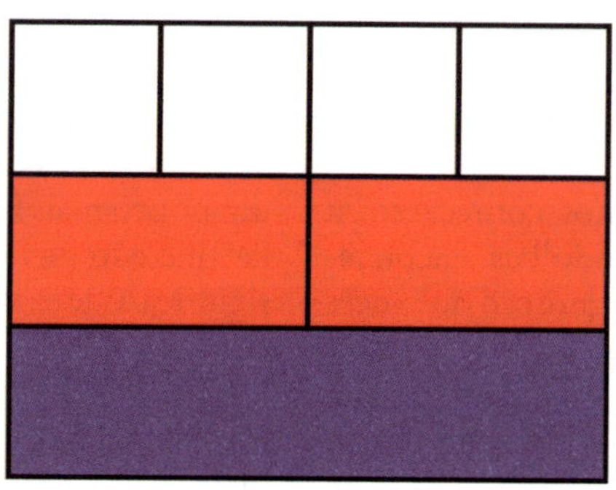

Figura 7.2 Trem de Cuisenaire.

Que padrões podemos encontrar quando separamos frações? Diga aos alunos que construirão trens de Cuisenaire como o da imagem e decidirão qual é o valor da barra inicial. Eles devem registrar as descobertas na folha da atividade Brincando com trens de Cuisenaire para ajudá-los a procurar padrões.

Brinque

Distribua às duplas um conjunto de barras de Cuisenaire e uma cópia da folha da atividade Brincando com trens de Cuisenaire para cada aluno. Os alunos começam escolhendo uma barra e uma fração unitária que possa representar: $\frac{1}{2}$, $\frac{1}{3}$, $\frac{1}{4}$, $\frac{1}{5}$, $\frac{1}{6}$ ou $\frac{1}{8}$. Eles registram esse ponto de partida na coluna da esquerda da tabela e exploram as seguintes questões:

- Se vocês desejam separar essa barra em partes iguais usando outras barras de Cuisenaire, de quantas maneiras diferentes poderiam fazer isso?
- Em quantas partes ela poderia ser separada?
- Qual é o valor de cada uma dessas barras menores? Como vocês determinaram?

Para cada maneira que encontrarem para separar a barra que escolheram em barras menores, devem anotar as descobertas na folha de atividade. Talvez você queira que eles rascunhem os trens que fizeram no verso da folha de atividade como uma forma de lembrar o que estavam pensando ou como uma estratégia para descobrir o valor de cada barra.

À medida que os alunos começarem a acumular registros em suas folhas, encoraje-os a procurar padrões. Pergunte: o que vocês observam? Que padrões identificam? Como poderiam usar as barras de Cuisenaire para determinar se esses padrões são sempre verdadeiros?

Discuta

Depois que os alunos construírem vários trens de Cuisenaire, decifrarem os valores fracionários das peças e procurarem padrões, reúna-os para discutir as seguintes questões:

- Que soluções interessantes vocês encontraram? (Registre-as na lousa. Você também poderá pedir que os alunos façam modelos dos trens sobre os quais estão falando com barras de Cuisenaire para que todos possam ver o que encontraram.)
- Como vocês descobriram o que cada barra valia? Que estratégias desenvolveram?
- Que padrões vocês observaram quando separaram as barras? E na tabela da turma?
- Quais barras permitiram a maior quantidade de soluções? E menos soluções? Por que vocês acham que aconteceu assim?
- Quais frações foram mais fáceis para começar? Quais foram mais difíceis? Por quê?

Enquanto discutem essas questões, detenha-se em observações de padrões que atravessem as fileiras da folha da atividade Brincando com trens de Cuisenaire (ou seja, a relação entre a fração inicial, o número de barras menores e o seu valor) e as relações que os alunos observam entre as fileiras (p. ex., quando você dobra o número de barras menores, reduz pela metade o valor de cada uma).

Amplie

Alguns alunos podem se perguntar: isso funciona para todas as frações unitárias? Nesta tarefa, focamos nas frações unitárias que são um pouco mais fáceis. Os alunos podem notar que não incluímos $\frac{1}{7}$, por exemplo. Isso significa que esses padrões não funcionam com $\frac{1}{7}$? Ou $\frac{1}{9}$? Ou $\frac{1}{20}$? Se eles começarem a sondar questões do tipo "e se", considere acompanhar a investigação e ampliar o problema para incluir uma fração unitária que os alunos gostariam de explorar. Você provavelmente precisará de mais cópias da folha de atividade.

Fique atento

- **Como os alunos estão usando sentenças numéricas em seus registros?** Alguns alunos podem usar sentenças numéricas para registrar o trabalho, suas estratégias ou mesmo a descrição de um padrão. Podem usar uma variedade de sentenças numéricas, incluindo multiplicação (p. ex., $\frac{1}{4} \times 2 = \frac{1}{2}$), adição ($\frac{1}{4} + \frac{1}{4} = \frac{1}{2}$) ou divisão. Se usarem a divisão, podem inverter a sentença numérica enquanto tentam descobrir como usar símbolos para representar o que fizeram. Eles podem, por exemplo, registrar o problema inicial como $2 \div \frac{1}{2} = \frac{1}{4}$, em vez de $\frac{1}{2} \div 2 = \frac{1}{4}$. Em cada um dos casos, aproveite o momento para relacionar o significado dos símbolos com o modelo das barras de Cuisenaire. O que está acontecendo com as barras? O que a sentença numérica mostra? Você pode descobrir que usar números inteiros como uma analogia ajuda o aluno a refletir sobre a relação e o significado da sentença numérica de divisão. Essa é uma ferramenta importante que você poderá tornar explícita para os alunos: usar um caso mais simples para ajudá-los a pensar sobre um caso mais complexo. Por exemplo, se a barra valesse 12 e encaixássemos 2 barras iguais dentro dela, quanto cada barra valeria? E como escreveríamos a sentença numérica de divisão? Como isso pode nos ajudar a pensar sobre o que está acontecendo com as frações?
- **Como os alunos estão encontrando o valor das barras menores?** Alguns alunos podem conseguir atribuir um valor inicial a uma barra e construir um trem, mas a partir daí terão dificuldades para determinar o valor das barras menores. Pergunte como eles poderiam usar as barras para determinar mais claramente o valor delas. Muitos se beneficiam adicionando barras ao trem para ver um inteiro, o que os ajuda a provar o valor de cada barra. Você pode retornar ao exemplo do trem na abertura e perguntar aos alunos como eles poderiam provar que o vermelho vale $\frac{1}{4}$ para alguém que não esteja convencido. Com frequência os alunos irão elaborar a resposta desenhando, acrescentando barras ou usando algum raciocínio adicional. Então, pode perguntar como essas mesmas estratégias poderiam ajudá-los com o trem atual. Se muitos alunos estiverem tendo dificuldades, é útil unir os esforços da turma para ouvir as estratégias daqueles que tiveram algumas ideias, antes de mandá-los de volta ao trabalho.

Reflita

O que acontece quando dividimos uma fração por um número inteiro? Desenhe uma figura ou use um exemplo para lhe ajudar a descrever o que acontece.

TREM DE CUISENAIRE

FOLHA DA ATIVIDADE BRINCANDO COM TRENS DE CUISENAIRE

Se eu começar com um ____ e assumir que vale ____...	**Então posso separá-lo igualmente em...**	**Portanto, cada um dos blocos vale...**
Roxo = $\frac{1}{2}$	2 vermelhas	Vermelho = $\frac{1}{4}$

ENIGMA DA DIVISÃO DE FRAÇÕES

Visão geral

Os alunos dividem números inteiros por frações unitárias para investigar quando os quocientes são pares e ímpares e desenvolvem provas visuais para essas divisões e conjecturas para explicar os padrões que observam.

Conexão com a BNCC*

EF07MA11

Planejamento

Atividade	Tempo	Descrição/Estímulo	Materiais
Abertura	5 min	Mostre aos alunos uma prova visual para $3 \div \frac{1}{4} = 12$. Observe que, começando com um número ímpar, obtemos um quociente par.	• Lousa e canetinhas.
Explore	20+ min	As duplas investigam as seguintes questões: que números pares você consegue obter dividindo 3 por uma fração unitária? Que padrões você observa nas suas soluções?	
Discuta	15 min	Discuta os outros números pares que os alunos encontraram ao dividir 3 por uma fração unitária. Organize as descobertas em um cartaz e procure padrões.	• Cartolina ou papel em branco e canetinhas.
Explore	30+ min	As duplas dividem um número inteiro de 1 a 9 por uma fração unitária para investigar resultados pares ou ímpares. Desenvolvem conjecturas, fazem previsões sobre a divisão de números maiores e as testam. As duplas criam um cartaz para mostrar suas conjecturas e as evidências que reuniram para apoiá-las ou contradizê-las.	• Quadro e canetinhas para cada dupla.
Discuta	20 min	Afixe os cartazes dos alunos e convide-os a fazer um passeio pela sala, procurando as observações compartilhadas e ideias interessantes a serem seguidas. Discuta os padrões observados ao dividir números inteiros por frações unitárias e o que os alunos estão pensando agora.	• Cartazes dos alunos.

Para o professor

Nesta investigação, conectamos divisão com frações, multiplicação e propriedades dos números com padrões, prova e desenvolvimento de conjecturas. Examinando a divisão com frações seguindo a curiosidade estimulada pela pergunta: "O que acontece se...?", os alunos criam ideias, perguntas e evidências que lhes possibilitam identificar a estrutura subjacente da divisão de números inteiros por frações unitárias, o que começamos a desvendar na atividade **Visualize**. Eles podem se basear nas ideias

* N. de R.T. No original, conexão com o CCSS: 5.NF.7b (ver nota na página 157).

e nos modelos visuais que desenvolveram na atividade anterior para criar provas visuais que mostram por que uma divisão, como $3 \div \frac{1}{4}$, é equivalente a 3 x 4. Então, a partir disso, farão perguntas sobre ideias envolvendo números pares e ímpares que provavelmente já discutiram em anos anteriores, mas ainda não no contexto de operações com frações.

Esta investigação poderá se estender por dois dias enquanto os alunos criam e resolvem seus próprios problemas, procurando padrões. Encoraje-os a documentar descobertas de forma clara, organizada e convincente. Se os alunos desenvolverem suas próprias linhas de investigação durante a tarefa, permita que as sigam. Talvez eles se baseiem em propriedades numéricas e perguntem: é possível obter um quociente primo quando se divide um número inteiro por uma fração unitária? Isso funciona para frações não unitárias? O questionamento genuíno deve ser encorajado e valorizado.

ATIVIDADE

Abertura

Inicie a tarefa mostrando aos alunos que, se dividirmos 3 por $\frac{1}{4}$, obteremos 12. Desenhe uma prova visual de que há 12 quartos dentro de 3, conforme a Figura 7.3. Você pode relembrar aos alunos o trabalho que fizeram na atividade **Visualize** fazendo modelos de cartões e as diferentes maneiras que utilizaram para mostrar seu raciocínio.

Observe em voz alta que, iniciando com um número ímpar, 3, podemos obter um quociente par, 12. Pergunte: isso vai acontecer sempre? Que outros números pares vocês poderiam obter dividindo 3 por uma fração?

Explore

Os alunos trabalham em duplas para investigar estas questões:

- Quais números pares vocês podem obter dividindo 3 por uma fração unitária?
- Que padrões vocês observam em suas soluções?

As duplas escrevem e resolvem seus próprios problemas para descobrir o que é possível. Depois, registram as descobertas usando provas visuais de modo que possam procurar padrões e compartilhar com os colegas.

Discuta

Reúna os alunos para discutir quais números pares eles conseguem gerar dividindo 3 por uma fração unitária. Registre as descobertas, incluindo as sentenças numéricas e as provas visuais, em um quadro ou em folhas de papel individuais para que elas possam ser classificadas, ordenadas ou agrupadas. Examinando os resultados, pergunte: que padrões vocês observam?

Apresente a próxima parte da tarefa pedindo que investiguem como obtemos resultados pares ou ímpares dividindo números inteiros por frações unitárias.

Explore

Os alunos trabalham em duplas para investigar os números que conseguem gerar divi-

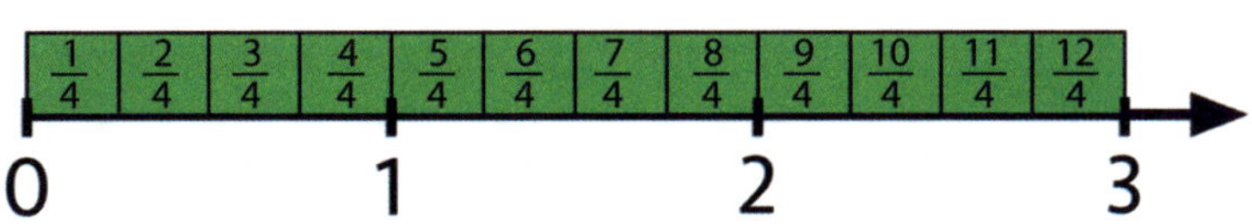

Figura 7.3 Prova visual de que 3 dividido por $\frac{1}{4}$ é igual a 12.

dindo um número inteiro de 1 a 9 por uma fração unitária. Encoraje os alunos a desenvolver formas de organizar e registrar os resultados de modo que possam procurar padrões. Alguns alunos talvez queiram usar uma tabela para organizar as descobertas, outros podem preferir registrar cada resultado em uma etiqueta adesiva ou cartão para que possam agrupá-los ou arranjá-los de diferentes formas a fim de identificar os padrões. Estimule-os a pensar sobre quais formas funcionarão melhor para eles e peça que investiguem as seguintes questões:

- Quando os resultados são pares?
- Quando os resultados são ímpares?
- Como vocês podem organizar suas descobertas para ajudá-los a identificar os padrões? Que padrões vocês observam?

Peça que os alunos usem suas descobertas para fazer conjecturas sobre a divisão de números maiores (como números entre 10 e 19 ou entre 20 e 29) por frações unitárias, a fim de responder às seguintes questões:

- Quando vocês poderiam prever um quociente par?
- Quando vocês poderiam prever um quociente ímpar?
- Vocês acham que os padrões que observaram serão os mesmos independentemente do quanto o número inteiro seja grande ou a fração unitária seja pequena?

Solicite que os alunos façam um cartaz mostrando as conjecturas e as evidências que reuniram para demonstrar seu pensamento, incluindo as representações visuais.

Discuta

Reúna os alunos e suas evidências. As duplas devem afixar seus cartazes por toda a sala e, então, fazem um passeio por ela para procurar os padrões observados e aqueles que desejam explorar mais. Discuta as seguintes questões:

- Que padrões vocês descobriram dividindo números inteiros por frações unitárias? Que evidências identificaram para esses padrões? Por que acham que esses padrões existem?
- Por que os quocientes algumas vezes são pares e algumas vezes são ímpares? Como podemos prever qual será o resultado?
- Que padrões vocês identificaram nos cartazes dos colegas que vocês acham que valem a pena ser discutidos, seja porque são interessantes ou porque vocês não têm certeza se concordam? (Reserve algum tempo para discutir esses padrões.)
- O que vocês estão pensando agora?

Se os alunos encontrarem cartazes com aparências e representações visuais diferentes, valorize isso, pois faz parte da beleza da matemática: podemos observá-la e representá-la de diferentes maneiras.

Fique atento

- **Os alunos estão criando modelos significativos de divisão com frações?** Com base na atividade **Visualize**, os alunos criaram alguns modelos visuais da divisão com frações, subdividindo regiões retangulares. Talvez você perceba que alguns alunos usam isso como uma prova visual, e que outros podem desenvolver diferentes métodos para mostrar visualmente o processo de divisão. Em cada um dos casos, observe cuidadosamente os modelos e pergunte se e como eles organizam a divisão que pretendem representar. Algumas vezes os alunos subdividem as regiões com pouca precisão, em especial após muitas repetições, e os erros tornarão mais difícil o processo de criar suposições e conjecturas.
- **Os alunos estão conectando a divisão com frações com a multiplicação por um número inteiro?** A noção de que $3 \div \frac{1}{4}$ também pode ser pensado como 3×4 é uma conexão importante a ser

feita pelos alunos, baseada nas representações visuais que mostram por que isso faz sentido. Enquanto observa como os alunos estão resolvendo o problema, observe a linguagem e as equivalências que estão usando e se constroem a relação entre $3 \div \frac{1}{4}$ e 3×4. Em particular, os alunos poderão identificar que há 4 quartos em cada inteiro, portanto 3×4 é 12, o que se conecta com a ideia de que $\frac{12}{4} = 3$, portanto, $\frac{12}{4} \div \frac{1}{4}$ também é 12. Quando os alunos começarem a observar essas características, faça perguntas sobre por que elas fazem sentido e o que significam para a divisão de frações.

- **Como os alunos estão raciocinando sobre os resultados pares e ímpares?** Parte do trabalho de encontrar resultados pares e ímpares consiste em prestar atenção às propriedades dos números pares e ímpares que estão sendo divididos. As frações propriamente ditas, aquelas que não podem ser escritas como um número inteiro, não são pares ou ímpares, mas seus numeradores e denominadores podem ser chamados de pares ou ímpares. Os alunos precisarão pensar nessas propriedades e perguntar por que esses padrões emergem, o que pode impulsionar o conhecimento desenvolvido nas séries iniciais sobre par e ímpar. Alguns alunos podem ter sido solicitados a memorizar o conceito de par e ímpar somente como um padrão alternado na sequência de contagem, mas compreender os padrões nesse ponto irá estimulá-los a pensar mais profundamente sobre o que caracteriza um número par ou ímpar. Você pode perguntar: o que significa dizer que um número é par ou ímpar? Como você poderia mostrar par ou ímpar com uma figura ou objetos? Como isso se conecta com a operação de divisão (ou multiplicação)?
- **Como os alunos estão coletando e organizando suas descobertas?** Para identificar os padrões, os alunos precisarão desenvolver formas que façam sentido para organizar o que encontram. Eles podem desenvolver sistemas para investigação – por exemplo, para procurar um número inteiro e experimentar frações unitárias em tamanho decrescente de $\frac{1}{2}$ para $\frac{1}{3}$ para $\frac{1}{4}$ e assim por diante. Eles podem, em vez disso, concentrar-se em uma fração unitária, como $\frac{1}{2}$, e explorar uma variedade de números inteiros nos quais ela pode ser dividida, de 1 a 2 a 3, e assim por diante. Alguns alunos podem decidir comparar casos que acham que serão significativos, por exemplo, explorando números inteiros pares e números inteiros ímpares em dois grupos. No entanto, enquanto prosseguem, precisarão registrar essas descobertas de maneira que lhes possibilitem ver ou procurar padrões. Alguns talvez prefiram colocar os resultados em papéis individuais ou etiquetas adesivas para que possam rearranjá-los e organizá-los com facilidade; outros podem preferir uma tabela ou outra ferramenta para estruturar as descobertas. Estimule-os a pensar sobre o que desejam fazer quando começarem a encontrar os resultados.

Reflita

Que padrões você poderia prever se dividisse uma fração unitária por um número inteiro? Por quê?

REFERÊNCIAS

CORDERO, M. *It's (not) ours to reason why*: a comparative analysis of algorithms for the division of fractions (Unpublished honors thesis). Stanford: Stanford University, 2017.

MA, L. *Knowing and teaching elementary mathematics:* teachers' understanding of fundamental mathematics in China and the United States. 2nd ed. New York: Routledge, 2010.

PENSANDO EM POTÊNCIAS DE 10

Os alunos são fascinados por números muito grandes e muito pequenos, e quando trabalhamos para apresentá-los às possíveis formas matemáticas de como podemos registrá-los, devemos ter o objetivo de manter vivas a fascinação e o assombro. Enquanto estava escrevendo esta introdução, vi uma fotografia que um professor do 1º ano havia postado no Instagram, de um projeto que ele chama de "Um guia do aluno do 1º ano para a galáxia". Adorei os pôsteres das estrelas que as crianças fizeram, que me lembraram do fascínio delas pela galáxia e pelas estrelas que podem ser vistas. Esse é um belo exemplo de uma situação com um número muito grande que poderia ser usado para introduzir esta ideia fundamental.

As três atividades para esta ideia fundamental visam a capturar a imaginação dos alunos sobre números grandes e pequenos, focando sua aprendizagem em situações sobre as quais eles refletirão e terão curiosidade e até mesmo desejarão compartilhar com a família e amigos.

Fonte: Matt Sheelen.

Na atividade **Visualize**, apresentamos as ideias de números muito grandes, introduzindo uma unidade de medida – a altura de alguém –, e então pedimos que os alunos encontrem exemplos que sejam 10, 100 e 1000 vezes maiores ou menores. Eles poderão usar diferentes formas de registrar suas ideias – palavras, diagramas, fotografias e modelos reais –, criando uma apresentação para os colegas. Poderão até mesmo querer criar um *tour* para os outros andarem pela escola e observarem diferentes objetos.

Na atividade **Brinque**, os alunos têm outras oportunidades de ampliar seu raciocínio, e sugerimos que tenham a chance de fazer um filme para mostrar o que acontece quando alguma coisa se torna muito maior ou menor. Eles poderão fazer isso dando um *zoom* de aproximação ou afastamento, com um *tablet* ou uma câmera. Essa será uma atividade muito instigante para os alunos e apresentará a oportunidade perfeita para pensar sobre o que acontece quando os objetos se tornam maiores ou menores.

Na atividade **Investigue**, introduzimos a denominação "potências de 10" e pedimos que os alunos criem um "Museu do muito grande e do muito pequeno" para os visitantes. Estimule-os a encontrar exemplos que serão interessantes e até surpreendentes para os colegas. Peça a eles que façam uma exibição interessante, ajude-os a identificar o valor e a necessidade das potências de 10 como uma forma de registro. Essa atividade deve ser profundamente envolvente para os alunos e deve criar uma oportunidade para que eles se orgulhem das novas formas de registrar o que aprenderam.

Jo Boaler

A UNIDADE É A SUA ALTURA

Visão geral

Os alunos exploram as relações entre as potências de 10 de $\frac{1}{1000}$ até 1000 para criar referências visuais, usando a altura de um aluno como unidade. Os grupos apresentam suas descobertas usando objetos, desenhos e fotos e marcam espaços físicos na sala de aula e na escola.

Conexão com a BNCC*

EF06MA12

Planejamento

Atividade	Tempo	Descrição/estímulo	Materiais
Abertura	10 min	Diga aos alunos que os números $\frac{1}{1000}$, $\frac{1}{100}$, $\frac{1}{10}$, 1, 10, 100 e 1000, com os quais eles vêm trabalhando desde o 1° ano, estão todos conectados. Esta atividade explorará relações entre esses números usando a altura de um aluno como unidade.	• Tabela ou quadro com os números $\frac{1}{1000}$, $\frac{1}{100}$, $\frac{1}{10}$, 1, 10, 100 e 1000 listados. • Materiais e recursos para apresentar a atividade.
Explore	45+ min	Os alunos trabalham em pequenos grupos para escolher a altura de um dos membros como unidade. Então, esforçam-se para identificar objetos ou distâncias que representem $\frac{1}{1000}$, $\frac{1}{100}$, $\frac{1}{10}$, 1, 10, 100 e 1000 vezes essa unidade e planejam formas de compartilhar as descobertas usando desenhos, fotos, palavras e objetos.	• Uma variedade de materiais para representar, marcar e registrar as medidas, como fita adesiva, serpentina de papel, giz, missangas, blocos e câmeras. • Instrumentos de medida, como réguas, trena e fita métrica. • Recursos para compartilhar as descobertas, como computadores ou lousas e canetinhas. • Opcional: folha da atividade A unidade que você organiza, uma por grupo.
Discuta	20+ min	Os grupos compartilham suas descobertas, seus processos e raciocínio sobre a relação entre os valores. Discuta essas relações.	• Tabela ou cartaz da turma para compartilhar as descobertas do grupo.

Para o professor

Esta atividade está centrada na utilização das alturas dos alunos como unidade para explorar as potências de 10, particularmente $\frac{1}{1000}$, $\frac{1}{100}$, $\frac{1}{10}$, 1, 10, 100 e 1000. Em geral não temos a oportunidade de observar todos esses valores lado a lado, o que pode limitar a compreen-

* N. de R.T. No original, conexão com o CCSS: 5.NBT.1 – Reconhecer que, em um número com vários algarismos, um algarismo em uma ordem representa 10 vezes o que ele representa na ordem à sua direita e $\frac{1}{10}$ do que ele representa na ordem à sua esquerda; 5.NBT.2 – Explicar padrões na quantidade de zeros do produto ao multiplicar um número por potências de 10 e explicar padrões na colocação da vírgula quando um número decimal é multiplicado ou dividido por uma potência de 10. Usar expoentes de números inteiros para indicar potências de 10.

são da sua magnitude. Nesta atividade, usando a mesma unidade para visualizar todos os números, os alunos poderão perceber melhor as relações e refletir sobre como elas mudam de uma para outra quando multiplicamos ou dividimos por 10. Pense nos recursos disponíveis para os alunos usarem e representarem esses números grandes e pequenos; você pode ter alguns objetos muito pequenos à mão, como arroz, feijão, missangas ou blocos. Os alunos precisarão de ferramentas para medir e marcar, como réguas, trenas, fita métrica, serpentina de papel ou giz. Talvez eles queiram marcar os comprimentos no corredor ou em uma parede, e fita adesiva pode ser um bom recurso para isso. Se quiserem trabalhar ao ar livre, em algum lugar fora da sala de aula, giz de cera também pode ser útil. A serpentina de papel poderá ser usada para criar uma "unidade", facilitando a repetição dessa unidade em uma medida, ou dobrando-a em partes para formar frações da unidade.

Os grupos precisarão de opções sobre como poderão apresentar suas descobertas para a turma. Eles podem tirar fotografias e apresentá-las impressas em um quadro ou em uma apresentação de *slides*. Como alternativa, podem fazer diagramas ou usar palavras para descrever os maiores comprimentos em um quadro. Os alunos talvez queiram mostrar os próprios objetos, particularmente para os valores menores. Para valores maiores, poderão fazer uma caminhada pelos espaços marcados no corredor ou no pátio da escola. Deixamos essas opções em aberto para você decidir, sabendo que cada contexto escolar é diferente.

Fazemos uma observação final sobre a escolha de alunos e suas alturas como a unidade neste projeto: alguns estarão ávidos para ser o foco da atenção, satisfeitos por terem um grupo apresentando uma distância que mede "10 Pedros de comprimento", por exemplo. Mas outros poderão ficar desconfortáveis com a exposição ou quando têm sua altura medida por um colega. Projetamos esta atividade para levar em conta os diferentes modos de participação dos alunos em servir como unidade. Encorajamos você a apoiar os grupos a decidir quem servirá como unidade, mas sem exigir que alguém desempenhe esse papel. Se ninguém no grupo se sentir confortável, você pode simplesmente usar a altura de uma peça de mobília na sala de aula ou a sua própria altura. Mas é bem provável que muitos deles fiquem entusiasmados em ser a unidade e imaginar como seria 10 ou 100 vezes a sua altura, ou qual seria a sua altura se a encolhessem para $\frac{1}{100}$.

ATIVIDADE

Abertura

Inicie registrando os seguintes números em um cartaz ou no quadro: $\frac{1}{1000}$, $\frac{1}{100}$, $\frac{1}{10}$, 1, 10, 100, 1000. Diga aos alunos que, desde o 1º ano, eles têm trabalhado para se familiarizar com esses números, começando com 10, depois 100, depois 1000, aumentando os números familiares cada vez mais. Então, no 4º ano, passaram algum tempo pensando em partes dos números e trabalharam para conhecer as frações $\frac{1}{10}$ e $\frac{1}{100}$. Esses números estão todos conectados e têm uma relação importante.

Diga aos alunos que vocês explorarão a relação entre esses números considerando a altura deles como unidade de medida. Eles trabalharão em pequenos grupos, escolhendo uma pessoa cuja altura será a unidade do grupo, ou 1 inteiro. Usando os materiais disponíveis, o grupo descobre como representar os números listados no quadro ($\frac{1}{1000}$, $\frac{1}{100}$, $\frac{1}{10}$, 1, 10, 100 e 1000), com 1 sendo a altura de um dos membros do grupo.

Os grupos precisarão criar alguma forma de compartilhar suas descobertas – pôster, fotos, apresentação de *slides*, diagrama e/ou objetos. Não deixe de dizer aos alunos que os seus parâmetros servem para construir representações considerando os recursos disponíveis.

Explore

Os alunos trabalham em grupos de três a quatro pessoas e escolhem um membro que deseje ser a unidade, ou 1 inteiro. Eles devem ter acesso a instrumentos de medida, cartolina, canetinhas, materiais da sala, pequenos objetos e espaços fora da sua sala de aula, como o corredor ou o pátio da escola. Você poderá deixar à disposição giz de cera ou fita adesiva para marcar as distâncias no piso. Se possível, deixe à disposição câmeras para documentar o que os alunos encontrarem. Você poderá criar um espaço em que os alunos possam ter acesso aos vários materiais disponíveis para a atividade.

Os alunos precisarão medir a sua unidade de alguma maneira. Então, o grupo trabalhará em conjunto para identificar comprimentos que representam $\frac{1}{1000}$, $\frac{1}{100}$, $\frac{1}{10}$, 1, 10, 100 e 1000 vezes a altura da pessoa que está servindo como a unidade do grupo:

- O que parece com $\frac{1}{1000}$ da unidade?
- O que parece com $\frac{1}{100}$ da unidade?
- O que parece com $\frac{1}{10}$ da unidade?
- O que parece com 10 vezes a unidade?
- O que parece com 100 vezes a unidade?
- O que parece com 1000 vezes a unidade?

Note que não é possível ser totalmente preciso, e os alunos terão que decidir quais aproximações são suficientes. Para cada valor que o grupo encontrar, será preciso descobrir como representá-lo de modo que possam compartilhá-lo com a turma usando fotos, desenhos, palavras, marcações ou objetos. Os alunos poderão escolher uma variedade de maneiras para mostrar os diferentes comprimentos. Por exemplo, para $\frac{1}{1000}$, talvez queiram mostrar um objeto; para 10, eles podem descrever o comprimento em palavras (tal como: "10 Pedros é o mesmo que a distância da porta até a janela do canto"); e para 1000, poderão marcar uma distância com giz no pátio da escola e tirar uma foto. O compartilhamento multimídia faz sentido devido às diferenças em magnitude e poderá ser muito útil para a discussão. Os grupos poderão se beneficiar da folha da atividade A unidade que você organiza distribuída para ajudá-los a recordar e organizar suas descobertas. Esse organizador é opcional e não visa a substituir outras formas visuais de compartilhamento, mas poderá ter como função estimular anotações.

Discuta

Peça que os grupos apresentem suas descobertas. Em vez de cada grupo compartilhar tudo de uma só vez, eles poderão compartilhar número por número, assim a comparação fica mais fácil. Começando com a unidade, primeiramente peça que os grupos compartilhem suas representações de alguma coisa menor que a unidade: $\frac{1}{10}$, $\frac{1}{100}$ e $\frac{1}{1000}$. Então, solicite que compartilhem representações dos comprimentos maiores que a sua unidade: 10, 100 e 1000 vezes. Você pode criar uma tabela da turma com objetos ou distâncias que os grupos encontraram para representar cada caso, como a tabela abaixo.

$\frac{1}{1000}$	$\frac{1}{100}$	$\frac{1}{10}$	1	10	100	1000
Espessura de um grão de arroz Espessura de uma revista	Um cubo de blocos de base 10 Missanga Espessura da brochura de um livro	Metade de um ladrilho do piso Marcador	Nomes dos alunos	Distância da porta da sala de aula até o banheiro Altura da escola	Comprimento do campo de futebol Distância em torno do prédio da escola	Distância andando pela cerca em torno da escola

Discuta as seguintes questões:

- Como vocês encontraram os valores? Que estratégias desenvolveram? Como usaram os recursos para apoiar seu trabalho?
- Em que aspectos as representações para cada valor são similares e diferentes? Por quê?
- Como vocês pensaram em passar de $\frac{1}{10}$ para $\frac{1}{100}$ e para $\frac{1}{1000}$ da unidade? Que desafios encontraram?
- Como vocês pensaram em passar de 10 para 100 e para 1000 vezes a unidade? Que desafios encontraram?
- Que relações observaram? O que os surpreendeu?

Fique atento

- **Como os alunos estão pensando a multiplicação ou divisão da unidade?** Alguns alunos podem ficar confusos tentando ser muito precisos, perdendo-se em cálculos. Estimule-os a desenvolver formas de não pensar na sua unidade como, digamos, "55 metros", mas como 1 inteiro. Encoraje-os a representar seu inteiro como uma unidade física, unindo as réguas ou cortando uma tira da fita da serpentina. Ter uma unidade física os ajudará a pensar em como poderão repeti-la, dobrá-la ou cortá-la para representar frações a partir delas.
- **Os alunos estão pensando na relação entre os valores que encontram?** Como os alunos estão testando suas ideias sobre valores pequenos? Este é um momento para encorajar o pensamento sobre as relações entre frações. Por exemplo, é útil pensar em empilhar partes de $\frac{1}{10}$ da unidade de maneira a seguir uma unidade. Depois que você tiver $\frac{1}{10}$, pode pensar em $\frac{1}{10}$ disso para ajudar a imaginar quais objetos seriam referências úteis para $\frac{1}{100}$. Os alunos podem testar se o seu $\frac{1}{100}$ faz sentido observando se 10 desses objetos poderão ser usados para criar $\frac{1}{10}$. Faça perguntas que sirvam para sondar o modo como eles avaliaram os objetos e seus comprimentos, pedindo que estabeleçam relações entre os diferentes objetos que selecionaram.
- **Como os alunos estão documentando as descobertas?** Encoraje-os a documentar o processo e suas descobertas para compartilhar com os colegas. Estimule-os na determinação da forma mais explícita de apresentar cada valor. A questão principal é: o que ajudará os alunos a determinar este valor? Se eles usarem palavras, encoraje-os a ser o mais descritivo possível para que os colegas saibam, por exemplo, a qual porta ou parede estão se referindo quando descrevem uma distância como "da porta até a parede".

Reflita

O que o surpreendeu em relação aos valores que você explorou: $\frac{1}{1000}$, $\frac{1}{100}$, $\frac{1}{10}$, 1, 10, 100 e 1000? Como esses números estão relacionados?

A UNIDADE QUE VOCÊ ORGANIZA

Encontre objetos que combinem com a pergunta para o valor unitário apresentado em cada coluna e os registre no quadro. Para cada fileira, você precisará identificar quem é seu valor unitário: quem é o seu 1?

O que parece com $\frac{1}{1000}$?	**O que parece com $\frac{1}{100}$?**	**O que parece com $\frac{1}{10}$?**	**O que parece com 1?**	**O que parece com 10?**	**O que parece com 100?**	**O que parece com 1000?**

PREENCHENDO COM OBJETOS PEQUENOS E GRANDES

Visão geral

Os alunos brincam com a representação de potências de 10 usando pequenos objetos do dia a dia, avaliam e comparam o espaço ocupado por 10, 100, 1000 ou mais desses objetos. Eles criam formas de representar essas quantidades e de pensar sobre como seria $\frac{1}{10}$ ou $\frac{1}{100}$ de um pequeno objeto. A turma compara como esses valores se parecem, de $\frac{1}{100}$ até 1000 e também quando as unidades de medida são diferentes.

Conexão com a BNCC*

EF06MA12

Planejamento

Atividade	Tempo	Descrição/Estímulo	Materiais
Abertura	10 min	Relembre aos alunos o trabalho que fizeram para representar os números de $\frac{1}{1000}$ a 1000 na atividade **Visualize**. Mostre algumas unidades de pequenas dimensões e peça que estimem o espaço ocupado por 1000 unidades.	• Unidades de pequenas dimensões para mostrar: blocos, ladrilhos, clipes de papel, cereais, feijões, palitos e similares.
Explore	30 min	As duplas escolhem uma unidade e descobrem quanto espaço é ocupado por 10, 100, 1000 e também por uma quantidade expressa por uma potência de 10 maior desta unidade. Também, imaginam como se parece $\frac{1}{10}$ ou $\frac{1}{100}$ da unidade. Depois, representam suas descobertas para compartilhar com a turma.	• Grandes quantidades de unidades de pequenas dimensões, como blocos, ladrilhos, clipes de papel, cereais, feijões ou palitos. • Cartolinas e canetinhas para cada dupla. • Opcional: vasilhas de tamanhos variados.
Discuta	15+ min	As duplas compartilham suas descobertas. Crie uma exposição para a turma de alguns exemplos do espaço necessário para conter as quantidades de diferentes unidades. Discuta o que os alunos descobriram, como suas estimativas iniciais comparam-se com suas descobertas e em que aspectos o que acharam era diferente de lidar com comprimentos.	• Representações das descobertas dos alunos para compartilhar. • Espaço para exibir amostras dos trabalhos dos alunos.
Amplie	30+ min	Os grupos fazem um filme mostrando o que acontece quando você torna alguma coisa – quantidade, comprimento ou volume – 10 vezes maior ou menor.	• Tecnologia para produzir filmes, como *tablets*. • Deixe à disposição: objetos (como os usados nesta atividade), materiais manipulativos e instrumentos de medida.

* N. de R.T. No original, conexão com o CCSS: 5.NBT.1 e 5.NBT.2 (ver nota na página 177).

Para o professor

Nesta atividade, os alunos retomam a ideia de fazer comparações entre quantidades representadas por potências de 10, de $\frac{1}{100}$ até 1000 e além. Na atividade **Visualize**, eles usaram comprimentos como uma forma de construir referências. Agora, passamos a pensar sobre quantidade e espaço (ou volume). Para a preparação, você precisará de unidades que sejam pequenas, baratas e contáveis e que possam ser obtidas em grandes quantidades, como blocos ou outros materiais manipulativos, palitos, macarrão, arroz, feijões, *marshmallows*, cereais, cascalho, clipes de papel, missangas ou confetes. Seja criativo com os objetos e ofereça opções de escolha para os alunos, se possível. Os alunos utilizarão os objetos como suas unidades – muito diferentes da unidade adotada anteriormente, da altura de um aluno.

Na abertura, pedimos que os alunos estimem quanto espaço 1000 de uma das unidades disponíveis ocupará. Use isso como um dado valioso de avaliação formativa. Descobrimos que os alunos costumam superestimar como um grupo de 1000 objetos se parece. Pedir a eles que que usem suas mãos e braços para indicar quão grande será o espaço dará a você a possibilidade de realizar uma rápida avaliação visual de como estão pensando sobre 1000 pelo uso que fazem da unidade no apoio de suas estimativas. Fazer uma estimativa inicial também oferece uma referência para comparar novas descobertas, talvez descobrindo que um grupo de 1000 missangas não é o que esperavam.

Se estiver explorando esta ideia fundamental depois de os alunos explorarem o conceito de volume, você poderá recorrer ao conhecimento deles de preenchimento do espaço usando unidades cúbicas. Os volumes dos objetos que você provavelmente usará não são fáceis de medir individualmente, mas quando os alunos passam para 100 ou mais unidades, eles poderão pensar em unidades cúbicas de volume preenchidas pelos objetos. Como alternativa, é possível ter materiais manipulativos que os alunos poderão utilizar para preencher espaços como uma forma diferente de estimar o volume. Não há neces-

Fonte: Shutterstock.com/Okasana Shufrych.

sidade de fazer cálculos, mas referências adicionais, como um bloco cúbico ou a medida de uma xícara, poderão informar sobre o espaço mais claramente.

ATIVIDADE

Abertura

Inicie a atividade lembrando aos alunos o trabalho que fizeram na atividade **Visualize**, a qual focava no uso do comprimento do corpo de uma pessoa como unidade para então encontrar comprimentos 10, 100 e 1000 vezes e $\frac{1}{10}$, $\frac{1}{100}$ e $\frac{1}{1000}$ maiores. Se ainda houver na sala materiais dessa atividade, você pode recorrer a eles. Diga aos alunos que agora verão o que acontece quando começamos com uma unidade muito menor.

Mostre aos alunos várias unidades para explorar. Você pode oferecer materiais manipulativos, como blocos ou ladrilhos, e alguns objetos do cotidiano, como clipes de papel ou feijões. Inicie a tarefa.

Peça que os alunos conversem com um colega: eles devem escolher uma unidade e estimar quanto espaço acham que 1000 delas ocupará. Solicite que os alunos compartilhem algumas ideias e mostrem com as mãos o espaço que acham que 1000 unidades preencherão. Diga aos alunos que agora testarão suas estimativas.

Explore

Os alunos trabalham em duplas, escolhendo uma unidade para explorar. Para a sua unidade, exploram as seguintes questões:

- Quanto espaço ou volume 10 unidades preencheriam?
- Quanto espaço ou volume 100 unidades preencheriam?
- Quanto espaço ou volume 1000 unidades preencheriam?
- E quanto a um valor ainda maior? Escolham um número como 10.000 ou 100.000 para explorar.

Os alunos encontram uma forma de representar suas descobertas para os outros analisarem. Isso poderá incluir desenhos, números e/ou o uso de recipientes como referências. Eles poderão achar úteis cartolinas e canetinhas, ou outras formas pelas quais gostariam de representar o que encontraram.

Pergunte: como vocês podem representar o espaço que $\frac{1}{10}$ ou $\frac{1}{100}$ da sua unidade preencheria? Peça aos alunos que se desafiem a encontrar alguma forma de mostrar como se pareceria esse espaço e a acrescentar isso à sua representação de números maiores.

Talvez eles queiram brincar com uma segunda unidade e compará-la com a primeira, por exemplo, determinar como 1000 *marshmallows* se comparam a 1000 grãos de arroz. Se os alunos tentarem algo dessa natureza, encoraje-os a documentar as diferenças que descobrirem.

Discuta

Inicie a discussão formando as duplas de modo que duas delas que exploraram unidades diferentes possam compartilhar suas descobertas uma com a outra. Peça que os alunos comparem os resultados. Pergunte: em que aspectos eles são similares? E diferentes? Por quê?

Então, com a turma inteira, discuta o que os alunos aprenderam comparando seus modelos com os dos colegas. Em uma parede, quadro ou tabela, mostre alguns dos exemplos criados pelos alunos para cada número que eles exploraram: $\frac{1}{100}$, $\frac{1}{10}$, 10, 100, 1000 e outros maiores. Certifique-se de nomear cada número. Sugerimos que você deixe essa mostra para referência durante a atividade.

Discuta as questões a seguir:

- O que vocês descobriram sobre esses números? O que os surpreendeu? (Peça que as duplas compartilhem com a turma algumas de suas descobertas mais interessantes.)

- Como as estimativas no início da tarefa se comparam com as suas descobertas?
- Quais unidades foram as mais interessantes ou desafiadoras? Por quê?
- Todas as nossas unidades eram pequenas, mas não do mesmo tamanho. Como o tamanho da unidade afetou a semelhança dos valores?
- Em que aspectos a exploração do espaço foi diferente da exploração do comprimento? Em que aspectos a exploração com uma unidade grande (uma pessoa) foi diferente da exploração com uma unidade pequena? Como isso mudou seu pensamento sobre esses valores?

Amplie

Se os alunos tiverem acesso a *tablets* ou a outra tecnologia para gravar vídeos, você pode convidá-los a fazer um curta-metragem mostrando o que acontece quando tornamos alguma coisa 10 vezes maior ou menor. Você pode deixar em aberto que explorem quantidade, comprimento (como na atividade **Visualize**) ou volume (como na atividade **Brinque**). Proporcione acesso a instrumentos de medida, materiais manipulativos e aos mesmos objetos pequenos usados nessa tarefa. Os alunos talvez queiram focar seu filme em muitos pulos de 10 em 10 ou em apenas alguns, como 1 a 10 e a 100. Talvez também queiram mostrar como os números tornam-se menores à medida que "caminham" de 1 para $\frac{1}{10}$ e para $\frac{1}{100}$.

Fique atento

- **Os alunos estão pensando em multiplicar (ou dividir) por 10 enquanto passam de uma representação para a seguinte?** Na essência desta ideia fundamental está a relação multiplicativa entre as potências de 10. Se os alunos contarem 100 feijões, deverão estar pensando em 1000 feijões como 10 grupos do mesmo tamanho que uma pilha de 100. Ao tentar imaginar $\frac{1}{10}$, eles cortarão essa quantidade de feijões (mentalmente ou em um desenho) em 10 partes iguais. Faz sentido para os alunos contar as quantidades para ver com precisão quanto espaço é ocupado, mas, sem dúvida, além de 1000, eles terão que imaginar e estimar.
- **Como os alunos estão expressando espaço?** Há muitas formas pelas quais os alunos podem documentar quanto espaço é ocupado pelas diferentes quantidades das suas unidades. Encoraje-os a pensar de modo flexível e crítico sobre qual poderia ser a representação mais útil ou mais clara. Eles podem descrever em palavras, desenhar uma figura ou encontrar um recipiente para servir como referência. As figuras poderão mostrar um espaço tridimensional (como uma caixa que tem aproximadamente $5 \times 5 \times 7$ centímetros) ou delinear a região coberta se os objetos forem embalados em uma única camada. Os recipientes podem ser úteis porque em geral é mais fácil imaginar 10 recipientes quando os alunos tentam passar para a próxima potência de 10.
- **Os alunos estão desenhando comparações entre as diferentes unidades exploradas?** Os alunos conseguirão identificar várias unidades diferentes nesta atividade e usarão a altura de seus próprios corpos como unidades na atividade **Visualize.** Um objetivo é que eles entendam que o significado dos números com que trabalhamos depende da unidade. Por exemplo, uma corda com 1000 Pedros de comprimento poderá envolver o campus da escola, enquanto uma pessoa poderá segurar 1000 clipes de papel. Determinar como as diferenças na unidade de medida se multiplicam em diferenças ainda maiores é uma questão importante.

Reflita

Que quantidade ou representação foi mais surpreendente? Por quê?

MUSEU DO MUITO GRANDE E DO MUITO PEQUENO

Visão geral

Nesta investigação, nomeamos os números que estamos aprendendo como "potências de 10" e investigamos o significado de potências muito grandes e muito pequenas. Os grupos escolhem uma potência de 10 e constroem uma exposição para deixar claro o significado do número escolhido, e a turma encena um Museu do muito grande e do muito pequeno para os visitantes.

Conexão com a BNCC*

EF06MA12

Planejamento

Atividade	Tempo	Descrição/Estímulo	Materiais
Abertura	15-20 min	Revisite o trabalho anterior com os números $\frac{1}{100}$, $\frac{1}{10}$, 1, 10, 100 e 1000. Nomeie esses números como "potências de 10", criadas pela multiplicação ou divisão de 1 por 10 repetidamente. Assista ao filme de Eames *Potências de dez*.** Introduza a tarefa de criar um museu que torne ainda maiores ou menores as potências de 10 conhecidas.	• Recurso tecnológico para exibir o vídeo *Potências de dez*.
Explore	60+ min	Os grupos escolhem uma potência de 10 muito grande ou muito pequena para representar e investigam a pergunta: o que esse número representa? Cada grupo usa suas respostas para construir uma exposição que deixe claro o significado do número para os colegas.	• Materiais para construir exposições: papelão, canetinhas, tesoura, fita adesiva e papel pardo ou cartolina. • Materiais manipulativos como blocos de base 10, cubos, ladrilhos ou fitas métricas. • Opcional: recursos como câmeras ou *tablets*.
Apresente	30+ min	Organize a exposição dos números dos alunos para a abertura do museu. Convide visitantes, como outras turmas ou as famílias. Todos os visitantes devem usar etiquetas adesivas para registrar as impressões sobre a exposição, as quais podem ser coladas em uma parede ou quadro: "Estou surpreso que..." e "Fiquei pensando...".	• Exposições realizadas pelos alunos. • Etiquetas adesivas para todos os visitantes. • Espaço preparado para as etiquetas adesivas serem colocadas em duas categorias: "Estou surpreso que..." e "Fiquei pensando...".

(Continua)

* N. de R.T. No original, conexão com o CCSS: 5.NBT.1 e 5.NBT.2 (ver nota na página 177).

** N. de R.T. Trata-se de um curta-metragem de 9 minutos de duração realizado por Charles e Ray Eames abordando a escala de visualização do universo de acordo com potências de 10. Disponível em: www.youtube.com/watch?v=seS1mDsoTKA.

(*Continuação*)

Atividade	Tempo	Descrição/Estímulo	Materiais
Discuta	20 min	Discuta em pequenos grupos e depois com toda a turma o que os alunos aprenderam construindo as próprias exposições e visitando as exposições dos colegas. Examine os comentários deixados pelos visitantes e discuta o que os visitantes aprenderam e ficaram pensando.	• Etiquetas adesivas deixadas pelos visitantes.
Amplie	40+ min	Se os visitantes deixaram questões interessantes e importantes, a turma poderá optar por continuar investigando as mais instigantes.	

Para o professor

Esta investigação requer investimento em materiais e tempo. Provavelmente serão necessários pelo menos dois dias para pesquisar sobre os números, construir as exposições e encenar o museu. Listamos vários materiais que você pode deixar à disposição para os alunos investigarem os números, construindo modelos ou exposições. Esta lista serve de apoio para pensar sobre os materiais já disponíveis em sua escola aos quais você possa ter acesso para o projeto, mas ela não pretende ser exaustiva ou fundamental. Pense de maneira criativa sobre os materiais e o espaço para construir o museu. As exibições facilmente poderão ser feitas em quadros de avisos já existentes ou usando caixas de papelão reciclado; os alunos poderão optar por registrar em cartolina e ter suas exposições sobre a mesa. Você poderá pedir que os alunos tragam materiais recicláveis para as exibições, como embalagens que eles poderão encher com pequenos objetos.

Você deve deixar o museu o mais autêntico possível, convidando outras turmas ou as famílias dos alunos. Se a atividade ocorrer durante uma época do ano letivo em que ocorrem eventos familiares noturnos, você pode abrir o museu para as famílias nesses horários também. Convidar visitantes requer algum planejamento, portanto, antes da realização da tarefa, você pode coordenar as visitas com os outros professores a fim de garantir a audiência.

ATIVIDADE

Abertura

Inicie a tarefa relembrando aos alunos o trabalho que fizeram nas duas atividades anteriores construindo modelos, iniciando com uma unidade (altura de uma pessoa ou objeto pequeno) e tornando-a 10 vezes maior ou $\frac{1}{10}$ maior, repetidamente. Revisite a mostra que vocês criaram em grupo na atividade **Brinque** mostrando exemplos do espaço ocupado por $\frac{1}{100}$, $\frac{1}{10}$, 1, 10, 100, 1000 ou mais unidades. Diga que esses números são denominados "potências de 10" e que são criados começando com 1 e repetidamente multiplicando ou dividindo por 10, um padrão que os alunos talvez tenham identificado enquanto construíam seus modelos. Diga a eles que uma notação especial nesse caso costuma incluir um número denominado expoente. Acrescente um título para cada número de sua exposição, mostrando-o como uma potência de 10, por exemplo, $100 = 10 \times 10 = 10^2$ e $1000 = 10 \times 10 \times 10 = 10^3$.

Diga que esse padrão de multiplicação por 10 poderá continuar repetidamente, muito além da exposição realizada em grupo na turma. Depois, os alunos assistirão a um vídeo curto que explora o quão longe esse tipo de exploração pode chegar. Mostre o filme de Charles e Ray Eames *Potências de dez*.

Para a exploração de hoje, explique aos alunos que, em vez de escolher uma unidade com a qual começar, eles escolherão um número – muito grande ou muito pequeno – para investigar. O objetivo é encontrar várias formas de representar esse número de modo que seja possível compreendê-lo melhor. Diga que você tem certeza de que todos nós entendemos 10 (ou 10^1) e 100 (ou 10^2), mas quando os números ficam muito grandes ou muito pequenos, é mais difícil encontrar sentido neles. O vídeo dá uma ideia dos nossos limites – alguns dos números que ele explora são tão grandes que vão além do nosso sistema solar, sendo improvável que algum dia nos deparemos com eles. Mas outros números, como 10.000 (ou 10^4) ou 1.000.000 (ou 10^6) ou $\frac{1}{10.000}$, podem ser encontrados em nosso cotidiano. Você pode perguntar aos alunos quando ouviram falar do uso desses números, o que dará uma chance a eles de conversar e compartilhar exemplos. Depois disso, diga que agora trabalharão para responder à seguinte pergunta: como números muito grandes e muito pequenos se parecem?

Diga que a turma criará um Museu do muito grande e do muito pequeno. Cada grupo escolherá uma potência de 10 – um número obtido pela multiplicação ou divisão de 1 repetidamente por 10 – e construirá uma exposição para mostrar aos outros o que esse número significa. Mostre os materiais aos quais eles terão acesso para a construção da exposição e diga que você será o público deles.

Explore

Os alunos trabalham em pequenos grupos para escolher uma potência de 10 para associar a um número muito grande ou muito pequeno. Não é necessário escolher apenas um número, pois uma variedade de valores da turma levará à criação de um museu mais interessante. Peça que os alunos encontrem formas diversas de representar o que esse número significa para que possam ensinar aos outros.

Os alunos criam uma exposição para um museu da turma que ajudará os colegas a compreender o significado desse número da mesma forma que todos nós entendemos 10 ou 100. Distribua materiais para a exploração e construção das suas exposições, tais como cartolinas, quadros de avisos, caixas de papelão, fita adesiva, tesoura, papel colorido e canetinhas. Os alunos poderão usar materiais manipulativos, como blocos com base 10, cubos coloridos ou ladrilhos para fazer modelos do número escolhido, ou instrumentos de medida como fitas métricas, se quiserem modelos envolvendo comprimentos. Também poderão desenhar figuras ou diagramas, usar palavras ou coletar objetos para deixar seu número claro para o público. Além disso, eles poderão ter acesso a câmeras ou a outra tecnologia para registrar a representação do número escolhido. Por exemplo, alguns alunos poderão ser inspirados pelo vídeo de Eames a criar seu próprio vídeo para a exposição.

Apresente

Monte o Museu do muito grande e do muito pequeno com as exposições criadas pelos alunos na sala de aula ou no saguão da escola. Considere como você quer organizá-las em seu espaço. Se possível, convide outras turmas, professores ou familiares para a abertura da exposição. Pelo menos um membro de cada grupo deve ficar ao lado da exibição do seu grupo para responder a perguntas e explicar o trabalho.

Distribua etiquetas adesivas a todos os visitantes (incluindo seus alunos) e peça que anotem dois tipos diferentes de comentários enquanto circulam pelo museu: "Estou surpreso que..." e "Fiquei me perguntando...". Crie um cartaz ou um local em uma parede para os visitantes colarem cada tipo de observação. Sugerimos uma área destinada a etiquetas "Estou surpreso que..." e outra a etiquetas "Fiquei me perguntando...".

Discuta

Depois de encerrada a exposição, convoque a turma para discutir o museu. Organize os alunos em pequenos grupos para a discussão e estimule-os a refletir sobre as seguintes questões:

- O que vocês aprenderam ao fazer a exposição?
- O que vocês aprenderam com as exposições dos colegas?

Peça que alguns alunos compartilhem o que discutiram. Depois, solicite que se reúnam perto das etiquetas adesivas e discutam o seguinte:

- Observem o que as pessoas escreveram o que as surpreendeu. Que padrões vocês observam? O que os visitantes aprenderam?
- Olhem para o que as pessoas estavam se perguntando. Que tipos de perguntas os visitantes fizeram? Quais são as questões mais intrigantes? O que valeria a pena explorar?

Amplie

Alguns dos visitantes poderão ter feito perguntas interessantes que façam valer a pena uma investigação adicional. Considere passar um tempo com toda a turma buscando as questões mais instigantes.

Fique atento

- **Os alunos estão focando inicialmente no significado dos números?** Antes que os alunos possam construir uma exposição, precisam explorar o significado do número que o grupo escolheu e encontrar formas interessantes, criativas e efetivas de representá-lo. Encoraje-os a fazer um *brainstorm* sobre essas muitas formas e a escolher as representações ou explicações que acham mais vívidas, surpreendentes ou úteis.
- **Os alunos estão sendo claros sobre as unidades?** Os números têm significado somente quando definimos as unidades que usaremos. Por exemplo, 1.000.000 parece diferente quando a unidade é a altura de uma pessoa, um minuto, um grão de arroz ou um centímetro. Os alunos deverão usar várias unidades para tornar claro o significado do número escolhido, assim como entendemos melhor o número 100 quando o associamos a 100 pessoas, minutos, grãos de arroz ou centímetros. Dependendo da ordem de grandeza do número que estão explorando, os alunos talvez queiram tornar as unidades que usam maiores ou menores. Por exemplo, é mais fácil imaginar a associação de 1.000.000 com grãos de arroz do que com quilômetros; é mais fácil atribuir significado ao número $\frac{1}{10.000}$ quando a unidade é o comprimento do corredor do que quando é um cubo de madeira.
- **Os alunos estão usando o que sabem sobre as potências de 10 mais familiares para construir a compreensão dos números maiores ou menores escolhidos por eles?** Os alunos que escolherem 10.000, por exemplo, deverão ser capazes de pensar no que conhecem sobre 1000 e tornar 10 vezes maior como um passo inicial para a solução. Estimule os alunos a começar com uma unidade e a torná-la progressivamente maior ou $\frac{1}{10}$ do tamanho, repetidamente.
- **Como os alunos estão comunicando suas descobertas?** Os alunos algumas vezes têm dificuldade para imaginar as perspectivas dos outros. Ao construir uma exposição, precisarão pensar em como comunicar o que o seu número significa para

alguém que talvez não tenha considerado isso antes. Os alunos deverão planejar o que mostrar – com objetos, modelos, figuras ou diagramas – e o que dizer – com rótulos, título, legenda ou sinais.

Reflita

O que você aprendeu com o museu que acha que será mais útil para você no futuro? Por quê?

USANDO NÚMEROS E SÍMBOLOS COM FLEXIBILIDADE

Uma das mentalidades mais importantes de qualquer aluno de matemática é a de investigador – alguém disposto a brincar com ideias e a abordar a matemática de maneira flexível. Quando estudei dois grupos de alunos na Inglaterra, ensinados por diferentes abordagens na escola, uma tradicional e outra baseada em projetos (veja BOALER, 2002), os da escola baseada em projetos aprenderam a resolver qualquer problema com as ferramentas flexíveis que haviam aprendido. Eles enfrentaram situações matemáticas, quando estudantes e, mais tarde, quando adultos (veja BOALER; SELLING, 2017), como problemas a serem resolvidos, pois estavam dispostos a experimentar diferentes abordagens. Os alunos que aprenderam com a abordagem tradicional achavam que tinham que se lembrar de um determinado método e desistiam quando as situações não se pareciam com as questões de matemática que recordavam das aulas. Essas diferentes mentalidades e perspectivas da matemática ofereceram aos alunos das duas escolas diferentes abordagens para seus trabalhos e vidas, e aqueles que haviam aprendido a usar a matemática de modo flexível tenderam a ter maior sucesso em suas vidas (BOALER; SELLING, 2017).

A flexibilidade matemática é uma abordagem maravilhosa, e a encorajamos nesta ideia fundamental mostrando aos alunos que os números podem ser representados de muitas formas diferentes – como quadrados em um diagrama, em expressões, em um triângulo famoso e por meio de criações que fazemos quando elas se associam a números.

Steve Strogatz é um matemático em Cornell, apresentado no youcubed.org ensinando matemática a universitários com uma abordagem investigativa e criativa da disciplina. Steve é autor de muitos livros que mostram a beleza de compreender a matemática de forma criativa, e ele, assim como nós, sente-se frustrado com a descaracterização da disciplina em muitas escolas. Incluo entrevistas com Steve na minha aula *on-line* Mentalidades Matemáticas (https://tinyurl.com/mathematicalmindsetcourse); esta é uma citação de uma das entrevistas com ele: "O rigor é a parte da matemática excessivamente enfatizada – à custa da criatividade, engenhosidade e intuição. Quer dizer, é chocante que as pessoas não vejam a matemática como criativa, embora eu compreenda o motivo. A forma como a ensinamos, na educação básica e mesmo na faculdade, não enfatiza a criatividade, para dizer o mínimo. Ou seja, você é ensinado que deve seguir as regras, que tem que usar definições precisas".

No ensino de Steve em Cornell, que você pode ver em www.youcubed.org/pt-br/ensino-superior, ele enfatiza a criatividade e a intuição como centrais para o bom pensamento matemático. No conjunto de atividades para esta ideia fundamental, também encorajamos a intuição e a criatividade, ao mesmo tempo introduzindo e permitindo representações matemáticas formais, para mostrar que ela é uma mistura entre o formal e o informal.

Na atividade **Visualize**, gostaríamos que você apresentasse aos alunos um padrão numérico usando uma abordagem de Conversa

Numérica.* Se você ainda não usou ou viu uma Conversa Numérica visual com pontos dispostos em um arranjo especial, poderá me assistir ensinando alunos do 6º ano usando essa abordagem em www.youcubed.org/pt-br/resources/jo-ensinando-e-conversando-sobre-o-numero-de-pontos-de-uma-cartela/. A tarefa é que os alunos encontrem diferentes formas de representar a imagem usando múltiplas expressões e agrupamento de símbolos quando necessário. Recomendamos que os alunos codifiquem por cores as soluções para mostrar as conexões. A codificação por cores, conforme escrevi na Introdução, é uma atividade valiosa em matemática, pois ajuda os alunos a perceber conexões essenciais. Pedimos que os alunos encontrem diferentes formas de representar a imagem com expressões ou a expressem com figuras, o que irá desenvolver criatividade e mostrar conexões por meio da codificação por cores.

Na atividade **Brinque**, os alunos terão um tempo para explorar uma criação matemática maravilhosa: o triângulo de Pascal. Em nosso trabalho com os alunos, eles costumam ficar fascinados e impressionados por esse famoso triângulo. Inicialmente, pedimos que os alunos explorem os padrões que identificam no triângulo e então experimentem números diferentes para ver o que acontece. Essa é outra oportunidade para pedir a eles que codifiquem os resultados por cores. Também apresentamos algumas perguntas para discussão e pedimos que eles formulem suas próprias conjecturas e teorias sobre o famoso triângulo.

Na atividade **Investigue**, desafiamos os alunos com um problema parecido com o "problema dos quatro 4s" que compartilhamos na página do youcubed.org, exceto que eles trabalharão com os números 1, 2, 4 e 9. Como no problema dos quatro 4s, eles poderão usar os números de qualquer forma, com qualquer expressão, para tentar encontrar todos os números de, neste caso, 1 a 100. Isso criará uma ótima oportunidade para alguma notação especial. Expoentes (usando um dos dígitos), raízes quadradas (note que 1, 4 e 9 são quadrados) e fatorial (!) são necessários para que todos os números sejam encontrados. Fatorial é uma operação matemática que em geral não é ensinada no 5º ano, mas é totalmente acessível para alunos desse nível de ensino, e descobrimos que os jovens são fascinados por essa notação. Os alunos ficarão mais envolvidos quando você lhes mostrar essa notação, e seus cérebros ficarão mais preparados para aprender se eles primeiramente se depararem com uma necessidade de uso para o cálculo de um número em fatorial. As salas de aula de matemática costumam ensinar métodos para os alunos antes que eles se deparem com a necessidade de usá-los, o que os faz ficarem entediados e pensarem: "Quando é que eu vou precisar disso?". Uma pesquisa muito interessante (SCHWARTZ; BRANSFORD, 1998) mostrou que os alunos aprenderam mais quando trabalharam, usando a sua intuição, em problemas que precisavam de determinados métodos, antes que viessem a conhecê-los. Eles não aprenderam os métodos até que tivessem se deparado com a sua necessidade. Isso fez seus cérebros serem preparados para aprendê-los. Em nossa atividade dos quatro 4s, deixamos que os alunos percebam que alguns resultados não podem ser obtidos sem que recorram ao fatorial. Então eles ficam entusiasmados em usar a operação fatorial e continuam entusiasmados por um longo tempo.

Jo Boaler

* N. de R.T. Ver nota na página 11.

OBSERVANDO EXPRESSÕES

Visão geral

Os agrupamentos de símbolos* são introduzidos nesta tarefa visual, em que os alunos aprendem a escrever expressões numéricas para representar grupos de quadrados. As duplas trabalham na criação de formas variadas de combinar imagens com expressões e codificar por cores as conexões entre elas.

Conexão com a BNCC**

—

Planejamento

Atividade	Tempo	Descrição/Estímulo	Materiais
Abertura	15 min	Introduza a representação de expressões com o agrupamento de símbolos por meio de uma Conversa Numérica visual.	• Folha da atividade Observando expressões numéricas em imagens para mostrar (projetadas em um quadro ou copiadas do modelo distribuído). • Canetinhas.
Explore	30+ min	As duplas trabalham na representação de uma imagem com múltiplas expressões, usando o agrupamento de símbolos quando necessário. Depois disso, escolhem tarefas adicionais de um banco de tarefas de duas imagens e duas expressões. Codificam as soluções por cores para mostrar as conexões.	• Folhas das atividades Observando expressões 1, 2, 3 e 4, uma cópia para cada dupla. • Canetinhas.
Discuta	15-20 min	Compartilhe as expressões e imagens que os alunos criaram. Discuta quando o agrupamento de símbolos foi útil e os desafios de criar imagens para as expressões.	• Espaço para colar as soluções.
Amplie	30+ min	As duplas criam e testam seus próprios problemas, começando com uma imagem ou expressão. Então, podem trocar entre si e experimentar os problemas criados pelos colegas.	• Papel, lápis de cor e canetinhas.

* N. de R.T. Neste texto, o termo *símbolos* faz referência aos sinais das operações e aos sinais usados em expressões numéricas, como parênteses, colchetes e chaves.

** N. de R.T. Não identificamos na BNCC – Matemática, habilidades que correspondam direta e explicitamente às habilidades do CCSS ou aos objetivos das atividades deste capítulo, citados na obra original. Conexão com o CCSS: 5.OA.1 – Usar parênteses, colchetes ou chaves em expressões numéricas e avaliar expressões com esses símbolos; 5.OA.2 – Escrever expressões simples que registram cálculos com números e interpretar expressões numéricas sem resolvê-las. Por exemplo, expressar o cálculo "adicione 8 e 7 e multiplique por 2" como 2 × (8 + 7). Reconhecer que 3 × (18932 + 921) é três vezes maior que 18932 + 921, sem ter que calcular a soma ou o produto indicado.

Para o professor

Esta tarefa pode ser a introdução dos alunos ao agrupamento de símbolos em expressões numéricas. A Conversa Numérica inicial é uma oportunidade decisiva para você demonstrar o uso convencional desses símbolos enquanto registra o pensamento dos alunos em expressões. Encorajamos que você mesmo experimente realizar a tarefa da Conversa Numérica para compreender como a decomposição da imagem de diferentes maneiras muda a expressão que você escreverá. Isso ajudará a antecipar o que os alunos poderão dizer e que expressões você poderá registrar enquanto eles explicarem seu raciocínio.

Também achamos que a codificação por cores é uma estratégia poderosa para mostrar conexões, podendo ser utilizada ao longo desta tarefa. Se os alunos ainda não foram apresentados a essa ferramenta de representação do pensamento, você poderá deixar essa técnica mais explícita na abertura, encorajando-os a experimentá-la enquanto trabalham. Você pode lembrá-los de que é importante exercitar diferentes caminhos cerebrais para que, quando se depararem com diferentes representações – em números e imagens, por exemplo –, sejamos estimulados a realizar conexões no cérebro.

ATIVIDADE

Abertura

Inicie a atividade apresentando aos alunos a imagem dos quadrados agrupados de formas interessantes e, no estilo de uma Conversa Numérica, conduza uma discussão sobre a quantidade de quadrados. Peça que os alunos descubram quantos quadrados há sem contá-los um por um. Peça que prestem atenção ao modo como eles os percebem e sinalizem com os polegares voltados para cima quando estiverem prontos. Depois que os alunos tiverem um minuto ou dois para pensar sobre a tarefa e estiverem sinalizando que estão prontos para falar, pergunte quantos quadrados identificaram e como os perceberam (Fig. 9.1).

Quando os alunos relatarem como contaram o número total de quadrados, você deve registrar com cuidado o que eles dizem, e pode fazer dois tipos de registros. Primeiramente, assinale na figura as diferentes maneiras adotadas pelos alunos para decompô-la em grupos. Sugerimos que você codifique a figura por cores para mostrar as diferentes partes usadas pelos alunos. Você poderá ter muitas cópias desse grupo de quadrados de modo que possa marcar cada um com uma das maneiras adotadas pelos alunos para agrupá-los. A Figura 9.2 apresenta um exemplo de diagrama quando os alunos perceberam um grupo que era 5×2 com 2 a mais no topo, depois identificou que havia três destes grupos.

Em seguida, registre o pensamento matemático que o aluno realizou para encontrar as quantidades de quadrados por meio de uma expressão que use os símbolos exigidos em uma expressão numérica. Se possível, codifique a expressão por cores, usando as mesmas utilizadas para os agrupamentos realizados sobre a figura. Isso ajudará os alunos a perceber como os grupos de quadrados podem ser representados por operações. Oferecemos esse exemplo para você poder identificar a relação da expressão com a imagem:

$$(5 \times 2 + 2) \times 3$$

Introduza a atividade do dia. Os alunos escolherão uma entre quatro tarefas apresentadas nas fichas de trabalho. Duas dessas tarefas são formadas por imagens contendo agrupamentos já formados, enquanto as outras duas não mostram agrupamentos e sim expressões numéricas. Peça que os alunos primeiramente tentem resolver uma das tarefas contendo apenas imagens e em seguida escolham qualquer uma das três restantes. Desafie-os a encontrar formas variadas de repre-

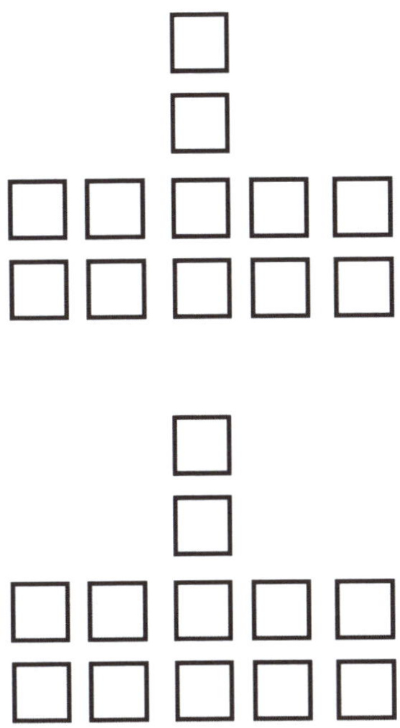

Figura 9.1 Grupos de quadrados

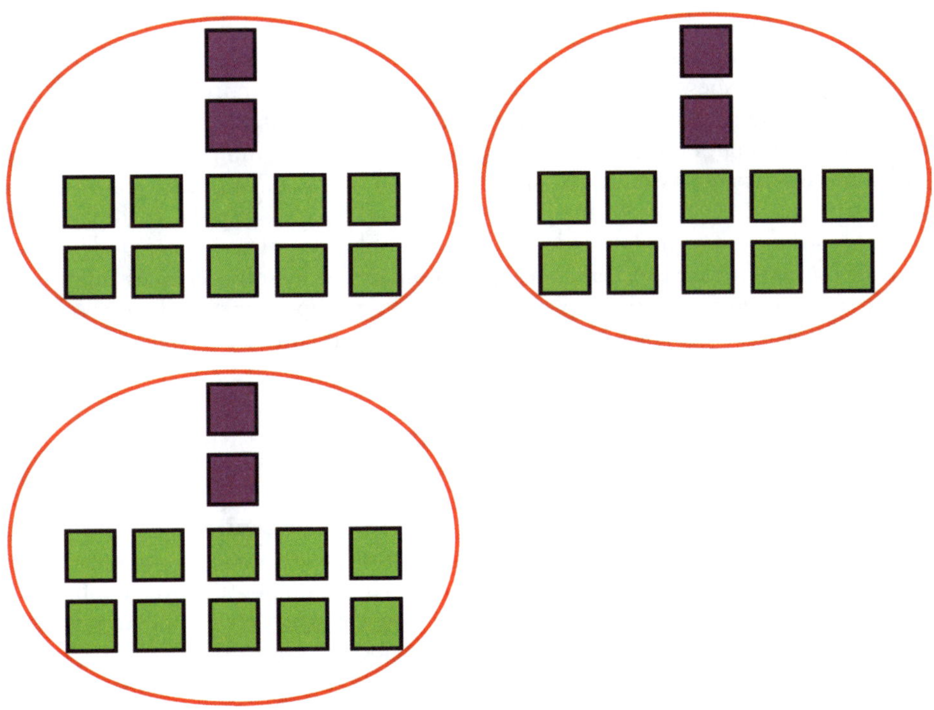

Figura 9.2 Exemplo de agrupamento e expressão numérica correspondente.

sentar os agrupamentos com expressões ou a expressão com um agrupamento, codificando-as por cores para mostrar suas conexões.

Explore

Peça que as duplas comecem escolhendo uma das duas tarefas que contém apenas imagens. Você precisará de cópias das tarefas para que os alunos possam completar mais de uma durante o tempo de exploração. Para cada tarefa contendo apenas imagem, peça que primeiro descrevam o que veem, colocando em palavras como identificam as quantidades. Os alunos fazem isso em voz alta para um colega, da mesma maneira que o fariam para a turma em uma Conversa Numérica. Então, registram em palavras o que entendem do agrupamento apresentado na sua folha. Por fim, criam uma expressão numérica para representar o número total de quadrados na imagem de acordo com a forma como entenderam o agrupamento dos quadrados. Desafie os alunos a agrupar os quadrados de diferentes maneiras para determinar que expressões eles criam e para encontrar as diferentes formas que conseguem para representar a imagem.

Os alunos examinam as expressões nas linhas das tabelas das tarefas 3 e 4 e imaginam os formatos dos agrupamentos em cada caso. As duplas conversam sobre isso e então registram como presumem que seria a aparência da imagem a partir da expressão. Depois disso, tentam criar a imagem que poderia combinar com o que eles identificam na expressão. Encoraje-os a reimaginar a expressão no máximo de maneiras possíveis. Para todas as tarefas, peça que codifiquem o trabalho por cores para mostrar a relação entre a imagem e a expressão.

Discuta

Você pode discutir cada tarefa, uma por uma, solicitando que os alunos compartilhem diferentes expressões ou imagens. Como alternativa, você pode pedir que as duplas compartilhem a imagem ou a expressão que criaram e das quais têm mais orgulho ou que acham ser a solução mais criativa e interessante. Pergunte: o que nós encontramos? Você também pode discutir o que as soluções para cada tarefa têm em comum.

Depois de compartilhar soluções, faça algumas perguntas abrangentes para ajudar os alunos a refletir sobre as tarefas:

- Quando os agrupamentos de símbolos foram úteis? Que formas de decompor as figuras levaram à necessidade de agrupar os símbolos? Quais não precisaram?
- Como vocês se saíram ao percorrerem o caminho no sentido oposto – criando figuras para uma expressão? O que foi diferente em relação a isso? Como vocês tiveram que pensar de forma diferente?

Amplie

Peça que as duplas façam sua própria figura ou expressão e encontrem formas variadas de representá-las. Você pode desafiar os alunos a criar um problema interessante para outra pessoa resolver. Depois de terem tido a chance de testá-la, as duplas trocam os problemas entre si. Você pode afixar os problemas e as soluções mais interessantes e pedir que apontem aqueles que são criativos ou intrigantes.

Fique atento

- **Os alunos estão agrupando os símbolos de forma precisa?** Se esta for a primeira exposição dos alunos ao uso dos símbolos, eles poderão subutilizá-los ou sobreutilizá-los. Dê algumas orientações sobre como raciocinar nos casos em que os símbolos são necessários e redundantes.
- **Os alunos estão codificando por cores?** Se esta for uma estratégia nova, os alunos

poderão encontrar dificuldades para refletir sobre como usar cores para mostrar as conexões. Para muitos alunos, talvez seja útil desenvolver seu pensamento inicial a lápis e depois acrescentar cor.

- **Os alunos estão encontrando formas variadas de representar cada tarefa?** Os alunos poderão ver uma ou duas formas com facilidade, mas precisam ser estimulados a pensar além do que de início veio à sua mente.

Reflita

Para que os agrupamentos de símbolos são úteis? Como eles mudam o significado de uma expressão?

OBSERVANDO EXPRESSÕES NUMÉRICAS EM IMAGENS

Como você vê isto?

OBSERVANDO EXPRESSÕES: TAREFA 1

Como você vê isto?

Padrão	Eu vejo (desenhar e colorir)	Imagine (escrever uma expressão)
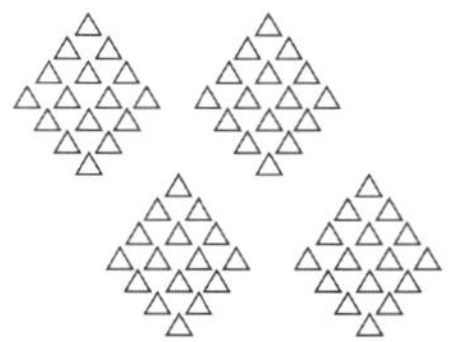		

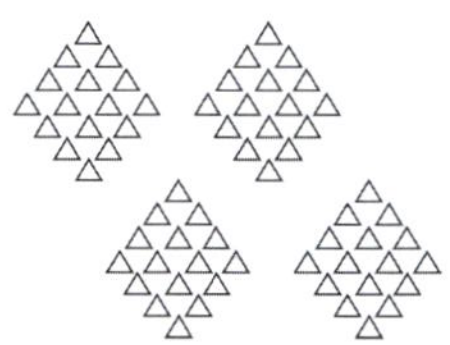		

OBSERVANDO EXPRESSÕES: TAREFA 2

Como você vê isto?

Padrão	Eu vejo (desenhar e colorir)	Imagine (escrever uma expressão)
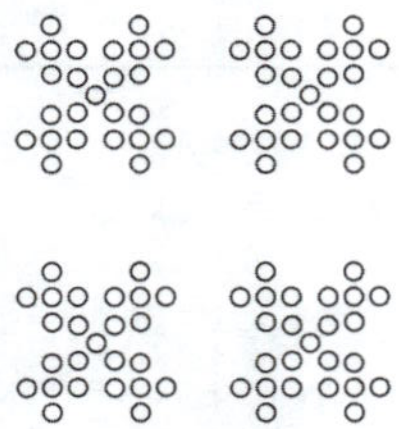		
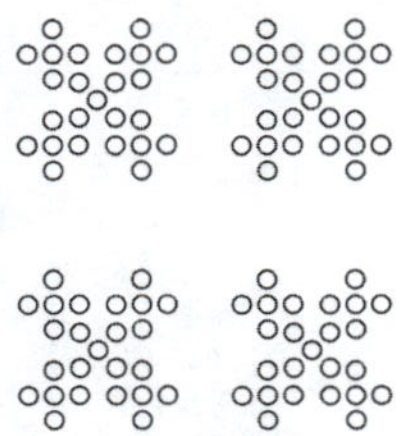		
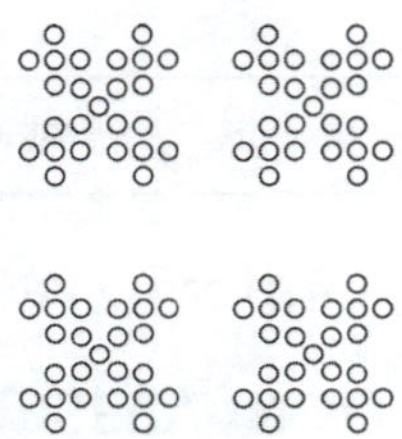		

OBSERVANDO EXPRESSÕES: TAREFA 3

Como você vê isto?

Padrão	Eu vejo (desenhar e colorir)	Imagine (escrever uma expressão)
		4 x (2 + 4) x 3
		4 x (2 + 4) x 3
		4 x (2 + 4) x 3

OBSERVANDO EXPRESSÕES: TAREFA 4

Como você vê isto?

Padrão	Eu vejo (desenhar e colorir)	Imagine (escrever uma expressão)
		(5 + 5 + 2) x 5
		(5 + 5 + 2) x 5
		(5 + 5 + 2) x 5

DENTRO DO TRIÂNGULO DE PASCAL

Visão geral

Nesta atividade, brincamos com padrões numéricos presentes no triângulo de Pascal, representando-os com expressões, a partir do número inicial e em seguida para ver como ele muda as somas das fileiras e suas expressões.

Conexão com a BNCC*

—

Planejamento

Atividade	Tempo	Descrição/Estímulo	Materiais
Abertura	5 min	Mostre aos alunos o triângulo de Pascal e diga que ele foi construído seguindo um padrão.	• Folha da atividade Triângulo de Pascal, para mostrar (em um projetor ou por outros meios).
Explore	20+ min	Os alunos trabalham em duplas e tentam encontrar o padrão que caracteriza o triângulo de Pascal para, depois, usá-lo para determinar os números que faltam. As duplas procuram padrões adicionais no triângulo, codificando por cores suas descobertas.	• Folha da atividade Triângulo de Pascal, muitas cópias por aluno. • Lápis de cor e canetinhas.
Discuta	10 min	Discuta o padrão que cria o triângulo e os outros padrões que os alunos descobriram.	
Explore	30+ min	Os alunos investigam padrões nas somas dos números das fileiras do triângulo de Pascal, escrevendo expressões para encontrar as somas. Verificam se esses padrões permanecem os mesmos quando o número inicial do triângulo muda.	• Pelo menos duas folhas da atividade Seu Triângulo de Pascal por aluno.
Discuta	15 min	Discuta como escrever expressões para as somas dos números das fileiras. Em seguida, discuta os padrões nas somas dos números das fileiras para o primeiro triângulo de Pascal e para aqueles com novos números iniciais. O padrão se mantém?	

Para o professor

O triângulo de Pascal é um famoso padrão de números organizados em uma formação triangular. No topo do triângulo está o número 1, e cada número abaixo é a soma dos dois números acima dele (Fig. 9.3).

Há muitos padrões no triângulo de Pascal – tantos, de fato, que os matemáticos acreditam que nem todos ainda foram descobertos.

* N. de R.T. No original, conexão com o CCSS: 5.OA.1 e 5.OA.2 (ver nota da página 193).

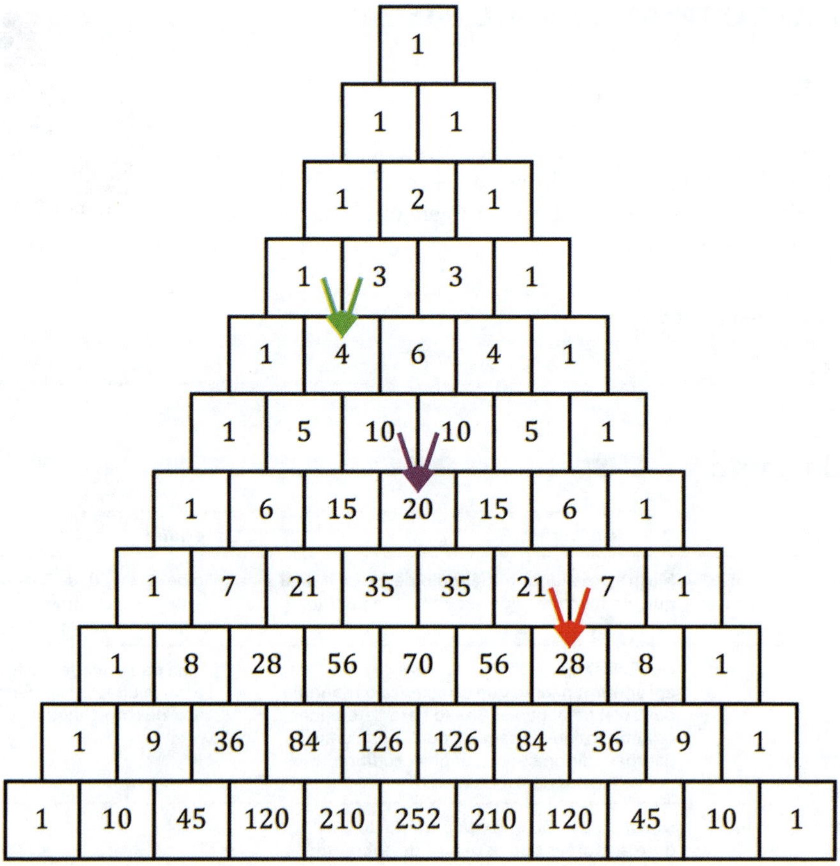

Figura 9.3 Padrão de construção do triângulo de Pascal.

Existem padrões em deslocamento para baixo e para dentro do triângulo. Você pode descobrir coisas interessantes no triângulo olhando para os diferentes tipos de números, como os ímpares e os primos. Alguns desses padrões se tornam claros somente quando o triângulo é bem grande – uma razão por que há mais a descobrir no triângulo de Pascal. Nesta atividade, você irá estimular os alunos a investigar o triângulo, a tentar um palpite e a simplesmente perguntar: o que aconteceria se...? Você deverá investigar que padrões observa no triângulo de Pascal, experimentando essa atividade você mesmo ou, ainda melhor, com um grupo de colegas professores. Achamos que você achará isso intrigante e ainda mais atraente para explorar a atividade.

Devido aos muitos caminhos para surpresa e exploração, a tarefa pode ser estendida por muitos dias. Acompanhe a curiosidade dos alunos e proporcione o tempo necessário.

ATIVIDADE

Abertura

Inicie mostrando aos alunos a imagem do triângulo de Pascal, no qual faltam alguns números, explicando que se trata de um famoso padrão, que apresenta conexões com muitas outras ideias da matemática. O triângulo contém muitos padrões e pode ficar tão grande quanto desejarmos se seguirmos seu padrão de construção. Pergunte: vocês conseguem encontrar o padrão que constrói o triângulo de modo que possam preencher os espaços em branco?

Explore

Peça que os alunos trabalhem com um colega para encontrar os padrões no triângulo de Pascal que lhes ajudem a determinar os números que faltam. Cada pessoa deve ter a sua própria cópia do triângulo para examinar mais de perto. Pergunte: como vocês podem prever que número deve estar em cada lugar?

Depois que os alunos descobrirem o padrão que constrói o triângulo de Pascal e completarem o seu, eles procuram outros padrões. Peça que os alunos codifiquem por cores ou marquem o triângulo para mostrar os padrões que encontrarem. Se eles tiverem dificuldade, você pode estimulá-los a explorar tipos de números, como pares e ímpares, ou procurar padrões na organização dos números, como os diagonais.

Discuta

Primeiramente discuta o padrão central no triângulo de Pascal para que eles possam prever o número em cada posição. Você pode fazer as seguintes perguntas:

- Que padrões vocês identificaram que ajudaram a encontrar os números que faltavam?
- Como é construído o triângulo de Pascal?

Então, peça que os alunos compartilhem as descobertas a respeito de outros padrões. Talvez você queria orientá-los a descobrir outra maneira de mostrar isso, como pedir que apresentem seus triângulos, codificados por cores, em um projetor ou simplesmente os erguendo de modo que os colegas possam visualizá-los. Você pode decidir fazer uma mostra desses diferentes padrões, agrupando-os para mostrar as relações, ou mostrá-los codificando o triângulo da sua turma por cores em uma cartolina. Determine a forma mais adequada de compartilhar os padrões que os alunos encontraram.

Explore

Vamos explorar as somas dos números das fileiras. Que padrões existem nas somas dos números de cada fileira? Peça que os alunos escrevam expressões para encontrar a soma dos números em cada fileira. Embora possam simplesmente escrever uma expressão que liste os números em ordem com sinais de adição, há outras maneiras mais eficientes de encontrar as somas dos números em cada uma das fileiras. Encoraje-os a tentar encontrar expressões eficientes.

Depois que os alunos explorarem como escrever expressões eficientes para as somas dos números das fileiras e procurarem os padrões, pergunte se eles acham que o padrão que encontraram seria o mesmo se o triângulo começasse com um número diferente de 1. Dê aos alunos cópias da folha da atividade Seu triângulo de Pascal e peça que escolham um novo número inicial com um dígito para ver o que acontece. Mais uma vez, peça que escrevam expressões para as somas dos números das fileiras enquanto trabalham. Pergunte: o que mudou em seu novo triângulo? O que não mudou? Por quê?

Os alunos poderão criar ainda outro triângulo para ver se os padrões que observaram até então continuam com outros números iniciais. Pergunte: o seu padrão se manteve? Ou você quer rever seu raciocínio sobre os padrões da soma dos números das fileiras?

Discuta

Inicie a discussão pedindo que os alunos compartilhem o que encontraram nas somas dos valores das fileiras do triângulo de Pascal:

- Que expressões vocês encontraram para representar as somas dos números das fileiras?
- Que formas vocês encontraram para representar as somas dos números das fileiras?

Solicite aos alunos que discutam as várias descobertas que conseguiram com a mudança do número inicial. Em toda a turma, os alunos provavelmente acumularam evidências que ficam mais poderosas e interessantes quando relacionadas. Assegure-se de usar muitos exemplos para tornar mais precisas as ideias e previsões sobre os padrões.

- Em que aspectos as somas dos números das fileiras mudaram quando o número inicial mudou? O que não mudou?
- Que teorias vocês encontraram sobre como eles mudaram e por quê?
- O que vocês acham que aconteceria se começássemos o triângulo de Pascal com um número maior? Que evidências existem a partir do seu trabalho de agora que apoiam a sua previsão?

Fique atento

- **Os triângulos dos alunos são precisos?** Descobrimos que os alunos podem ter dificuldades para ver o padrão no triângulo e aplicá-lo aos números que faltam. Este é um bom momento para relembrá-los de que a dificuldade é importante, pois é um momento em que o cérebro está mais ativo e em crescimento. Os espaços em branco no triângulo foram colocados estrategicamente em localizações em que alguns alunos enfrentam problemas. Ajude-os a refletir sobre a regra que encontraram para o padrão e como aplicá-la a todos os espaços. Isso ficará ainda mais desafiador quando os alunos criarem seus próprios triângulos. Você pode encorajar cada aluno da dupla a criar seu próprio triângulo com o mesmo número inicial, o que possibilita compararem um com o outro enquanto trabalham.
- **Os alunos estão escrevendo expressões eficientes para encontrar as somas dos números das fileiras?** Os alunos certamente poderão encontrar a soma das fileiras adicionando $1 + 3 + 3 + 1$, porém, a simetria existente em cada fileira do triângulo deverá ajudá-los a perceber que podem escrever uma expressão equivalente, como $2 \times (1 + 3)$. Você pode estimulá-los a refletir sobre a primeira atividade em torno dessa ideia fundamental e representar cada número como pontos ou quadrados para ajudá-los a enxergar maneiras úteis de agrupar padrões.
- **Os alunos estão encontrando dificuldade para pensar sobre padrões entre padrões?** Os padrões dos quais estávamos falando nas somas dos números das fileiras estão agrupados, já que primeiro examinamos o padrão de construção do triângulo de Pascal, depois somamos os números das fileiras e obtemos um novo padrão. Por fim, procuramos padrões entre as somas das fileiras dos diferentes triângulos. Isso pode ser confuso para os alunos. Manter os triângulos bem rotulados e afixá-los lado a lado durante a discussão poderá ajudar a turma a refletir sobre os triângulos. Se no trabalho em duplas os alunos ficarem perdidos, você poderá perguntar: como podemos organizar o pensamento em cada parte para torná-lo mais claro? Que rótulos seriam úteis? Como a cor poderia ser útil?

Reflita

Como escrever expressões eficientes torna mais claro os padrões nas somas dos números das fileiras?

TRIÂNGULO DE PASCAL

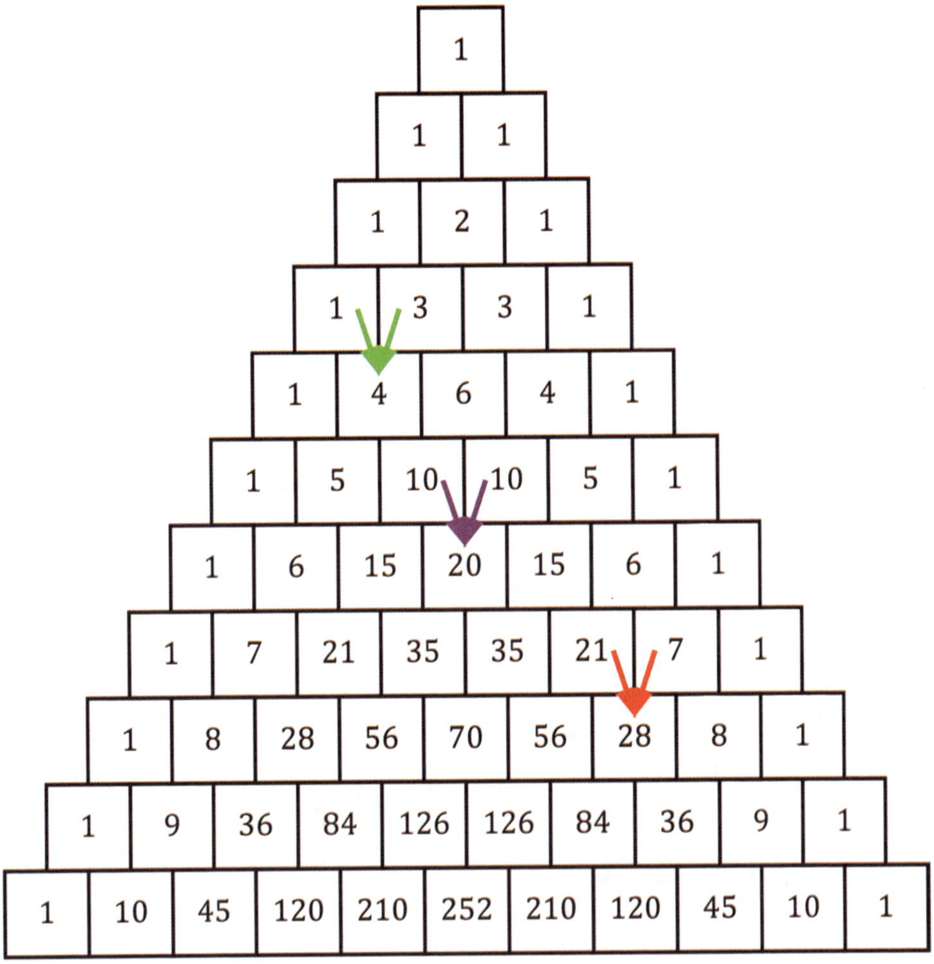

SEU TRIÂNGULO DE PASCAL

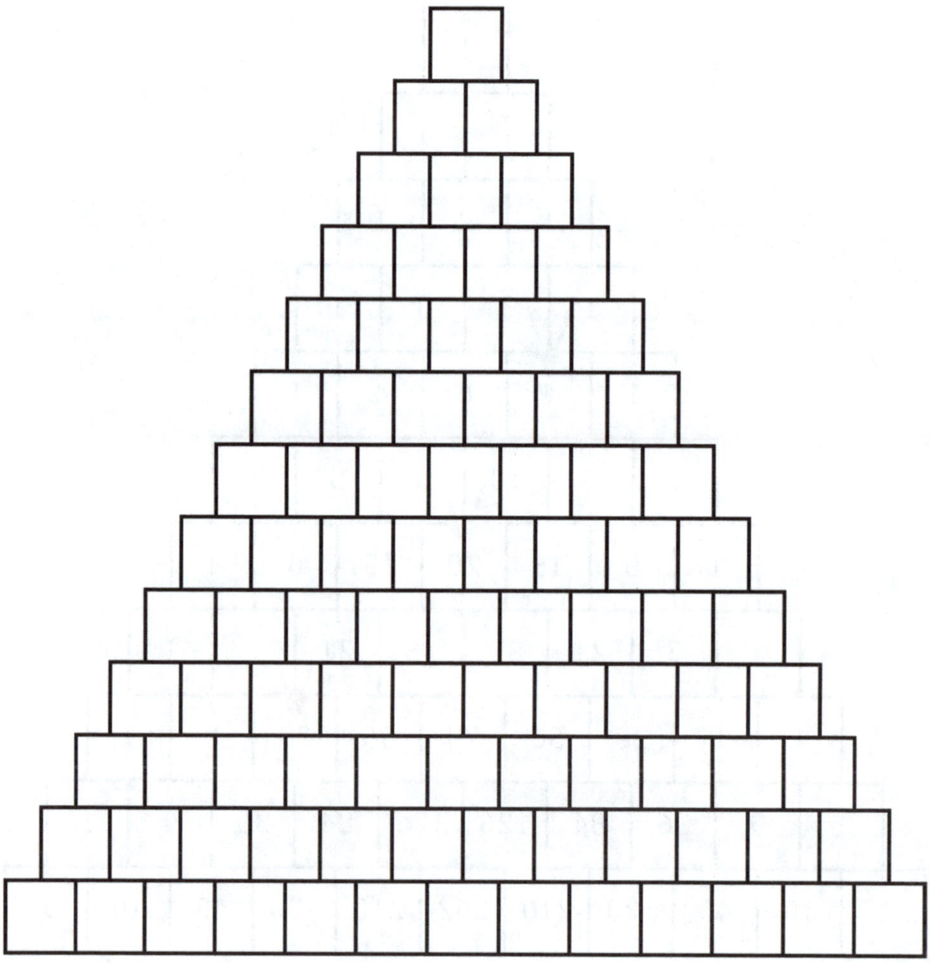

O PROBLEMA 1492

Visão geral

Os alunos investigam como podem usar os algarismos do número 1492 e os símbolos matemáticos para escrever expressões para cada valor de 1 a 100. A turma coleta expressões em grupo para determinar se isso é possível ou não. Os alunos podem ser apresentados a alguma notação para usar como ferramentas em sua investigação: expoentes, raízes quadradas e fatorial.

Conexão com a BNCC*

—

Planejamento

Atividade	Tempo	Descrição/Estímulo	Materiais
Abertura	10-15 min	Peça que os alunos usem os quatro números 1, 4, 9 e 2 e símbolos matemáticos para criar uma expressão numérica. Que valores conseguem criar como resultado das expressões? Inicie a investigação e explique como eles podem registrar seu pensamento.	• Quadro com a coletânea da turma.
Explore	30-45 min (cada dia)	Os alunos usam os números 1, 4, 9 e 2 e símbolos matemáticos para criar expressões numéricas para o cálculo de cada valor de 1 a 100. A turma escreve as expressões em um quadro para compartilhar.	• Quadro com a coletânea da turma e canetinhas. • As cinco folhas da atividade O problema 1492, um conjunto por aluno.
Discuta	10 min	Os alunos discutem as estratégias que desenvolveram, os valores encontrados e aqueles que ainda faltam para poder usar novas ferramentas de notação e determinar os valores restantes.	• Quadro com a coletânea da turma.
Amplie	Contínuo	Depois que a turma reduziu a lista de valores a alguns valores persistentes "Mais procurados", o quadro permanece à vista, de modo que os alunos possam continuar a explorar no seu próprio ritmo.	• Quadro com a coletânea da turma ou quadro "Mais procurados".

Para o professor

Esta investigação levará no mínimo dois dias do tempo de aula e poderá estender-se por mais algum período para os alunos continuarem a procurar soluções adicionais. Em nossa experiência, essa é uma tarefa em que os alunos demoram, pensando nos últimos valores indefinidos até muitos dias depois que terminam a exploração no tempo determinado.

* N. de R.T. No original, conexão com o CCSS: 5.OA.1 e 5.OA.2 (ver nota da página 193).

Sugerimos que você prepare um grande espaço de registro na sala (em papel pardo, quadro de avisos ou cartolinas) e deixe à vista enquanto os alunos ainda estiverem engajados na procura dos valores que faltam.

Para que os alunos encontrem todos os valores de 1 a 100, eles precisarão usar os números 1, 4, 9 e 2 (e nenhum outro), símbolos das operações, expressões numéricas e três formas mais específicas de notação: expoentes (usando um dos números), raízes quadradas (observe que 1, 4 e 9 são quadrados) e fatorial (!). O fatorial não costuma ser apresentado nos anos iniciais do ensino fundamental, mas é uma operação com a qual os alunos se entusiasmam ao usar. Colocar o símbolo fatorial depois de um número indica que o número deve ser multiplicado por todos os números inteiros maiores do que zero, e menores do que ele mesmo. Assim:

$$4! = 4 \times 3 \times 2 \times 1$$
$$9! = 9 \times 8 \times 7 \times 6 \times 5 \times 4 \times 3 \times 2 \times 1$$

O fatorial é simplesmente uma operação de multiplicação especial que os alunos gostarão de explorar. Você deve procurar bons momentos para introduzir novas ideias nesta investigação, tomando como base as experiências dos próprios alunos e em que etapa da atividade eles estão. Com frequência, descobrimos que, no primeiro dia da investigação, os alunos têm muito a fazer na criação de expressões numéricas envolvendo as quatro operações básicas. De fato, a maioria dos valores de 1 a 100 pode ser feita com operações básicas. Quando os alunos começarem a reduzir a lista dos valores que faltam, você poderá oferecer a eles algumas ferramentas simbólicas para dar início à sua exploração. Você poderá optar por abrir o segundo (ou terceiro) dia de investigação apresentando-as a toda a turma ou usar a discussão no final do primeiro dia como um momento para oferecer essas novas ferramentas.

ATIVIDADE

Visão geral

Introduza a tarefa perguntando que resultados os alunos podem obter com expressões envolvendo as operações básicas e os números 1, 4, 9 e 2. Registre esses números em um local para que todos possam observar – em um quadro branco, cartaz ou projetor – e diga que eles poderão utilizar os símbolos matemáticos que quiserem, incluindo símbolos de operações e de expressões numéricas, desde que os usem com exatidão. Aborde a abertura da tarefa como uma Conversa Numérica: dê aos alunos um momento para pensar individualmente e depois pergunte sobre essas respostas e as registre. A seguir, peça que uma dupla defenda uma resposta apresentando a sua expressão. Registre a expressão, sendo cuidadoso quanto à notação e fazendo as perguntas de esclarecimento necessárias. Pergunte à turma se eles concordam ou discordam que a expressão apresentada é igual ao valor que o colega está defendendo e peça que expliquem seu raciocínio.

Depois que os alunos apresentaram pelo menos dois resultados corretos e a turma concordou que as expressões combinam com os resultados, introduza a atividade. O objetivo da investigação é usar os números 1, 4, 9 e 2 e escrevê-los em operações matemáticas de maneira a obter todos os resultados de 1 a 100. Isso é possível? A turma trabalhará coletivamente para encontrar todos os resultados. Peça que registrem as expressões em dois lugares: na própria folha de atividade e em um quadro de atividade da turma. Eles poderão descobrir que há mais de uma expressão que resulta no mesmo valor, e devem acrescentar isso ao quadro de registro da turma para que possam ver *todas* as formas encontradas na investigação.

Explore

Você consegue determinar todos os valores de 1 a 100 usando os números 1, 4, 9 e 2 e os símbolos matemáticos em uma expressão numérica? Os alunos são encorajados a conversar e a trabalhar em grupo, mas recomendamos que cada aluno tenha sua própria folha com os números de 1 a 100 impressos para registrarem as suas expressões. Afixe uma folha grande de papel pardo com o título da atividade para os alunos contribuírem com as soluções da turma. Quando encontrarem mais de uma forma de chegar à mesma resposta, garanta que eles registrem essas diversas soluções.

Enquanto os alunos exploram, encorajе-os a verificar as descobertas uns dos outros e a pedir que seu trabalho também seja verificado. Eles poderão descobrir que têm uma ideia ótima, mas que precisam revisar os símbolos usados para transmiti-la. Ter outra pessoa verificando as suas expressões é uma excelente maneira de encontrar espaços para revisão. Se os alunos precisarem de um intervalo na busca das suas próprias expressões, você poderá colocá-los como avaliadores do cartaz de compilação da turma, analisando cada expressão para confirmar se ela produz o resultado indicado. Este é um papel necessário e valioso para os alunos desempenharem, proporcionando-lhes a experiência de avaliação de expressões, além do trabalho de criadores.

Discuta

Quando os alunos encontrarem dificuldades ou já tiverem trabalhado durante um dia inteiro, estimule-os a discutir quais estratégias foram úteis. Pergunte: como vocês estão criando as expressões? Eles podem oferecer estratégias para selecionar uma expressão e modificá-la de modo a obter várias expressões novas ou a usar estratégias para procurar um resultado particular.

Examine o cartaz com a compilação das expressões da turma e peça que reflitam sobre o que encontraram e o que ainda não encontraram.

- Por que vocês acham que alguns resultados foram encontrados rapidamente, enquanto há outros que ninguém encontrou?
- Há outros resultados com mais de uma expressão? Por que vocês acham que é assim?
- Vocês encontraram alguma expressão que não funcionou? Ou algum ponto que precisaram revisar? O que ajudou a detectar esses erros?

Para encontrar soluções para todas as respostas, os alunos precisarão de algumas formas adicionais de notação: expoentes (usando 1, 2, 4 ou 9), raiz quadrada e fatorial. Você poderá usar a discussão como uma oportunidade para introduzir uma ou todas elas se os alunos parecerem ávidos por mais ferramentas. Como alternativa, você poderá dar início ao segundo (ou terceiro) dia de investigação introduzindo uma ou mais dessas ferramentas. Ao dar início ao segundo dia, chame a atenção dos alunos para os resultados que a turma ainda está procurando coletivamente. Eles poderão escolher concentrar-se nesses resultados ou em outros que ainda não encontraram.

Amplie

Depois que os alunos tiveram dois dias para trabalhar na criação de expressões e a lista dos valores de 1 a 100 for restringida, afixe uma lista dos valores "Mais procurados" – aqueles que ainda não foram encontrados – para que procurem nas horas vagas (no ônibus é um bom momento!). Como alternativa, você poderá realçar ou delimitar esses resultados no cartaz da turma para que fiquem acessíveis.

A turma também poderá discutir questões pendentes sobre o que encontrou:

- Quais respostas têm mais soluções? Quais delas têm apenas uma? Há alguma que não tem solução? Por que vocês acham que é assim?
- O quanto vocês acham que estamos próximos de ter encontrado todas as soluções possíveis? Por quê?

Fique atento

- **Os alunos estão usando operações e notações de maneira precisa?** Talvez a principal extensão neste trabalho esteja no uso de operações com linguagem matemática precisa. O emprego dessa linguagem requer pensamento cuidadoso e prática, o que esta investigação pretende apoiar. Encoraje os alunos a verificar as expressões uns dos outros e, ainda mais produtivamente, pedir que os colegas verifiquem seu trabalho. Estimule-os a explicar quando discordam e a apoiar uns aos outros ao fazer as revisões. É importante que a atividade mantenha um tom de esforço conjunto, em vez de uma competição entre os alunos.
- **Os alunos estão prontos para novas formas de notação?** Quando os alunos já descobriram metade ou mais das expressões e parecem ávidos (ou mesmo frustrados) para procurar mais, eles podem estar prontos para uma ou mais formas adicionais de notação usadas neste problema. É importante que os alunos estejam interessados na continuidade da investigação, e não sobrecarregados desde o início. É muito mais provável que os alunos façam uso significativo (e exato) desses símbolos se estiverem começando a esgotar as possibilidades com os símbolos familiares.

Reflita

Quais operações são mais úteis e flexíveis? Por quê? Quando as operações menos comuns são úteis? Por quê?

REFERÊNCIAS

BOALER, J. *Experiencing school mathematics*: traditional and reform approaches to teaching and their impact on student learning. Mahwah, NJ: Erlbaum, 2002.

BOALER, J.; SELLING, S. Psychological imprisonment or intellectual freedom? A longitudinal study of contrasting school mathematics approaches and their impact on adults' lives. *Journal of Research in Mathematics Education*, v. 48, n. 1, p. 78-105, 2017.

SCHWARTZ, D.; BRANSFORD, J. A time for telling. *Cognition and Instruction*, v. 16, p. 475-522, 1998.

O PROBLEMA 1492

1	11
2	12
3	13
4	14
5	15
6	16
7	17
8	18
9	19
10	20

O PROBLEMA 1492

21	31
22	32
23	33
24	44
25	35
26	36
27	37
28	38
29	39
30	40

O PROBLEMA 1492

41	51
42	52
43	53
44	54
45	55
46	56
47	57
48	58
49	59
50	60

O PROBLEMA 1492

61	71
62	72
63	73
64	74
65	75
66	76
67	77
68	78
69	79
70	80

O PROBLEMA 1492

81	91
82	92
83	93
84	94
85	95
86	96
87	97
88	98
89	99
90	100

APÊNDICE

PAPEL (MALHA) PONTILHADO (1CM X 1CM)

PAPEL (MALHA) PONTILHADO ISOMÉTRICO

PAPEL QUADRICULADO (1CM X 1CM)

ANEXO

CONEXÃO COM A BASE NACIONAL COMUM CURRICULAR (BNCC)

EF04MA18 (Introdução)
Reconhecer ângulos retos e não retos em figuras poligonais com o uso de dobraduras, esquadros ou *softwares* de geometria.

EF05MA17 (Introdução)
Reconhecer, nomear e comparar polígonos, considerando lados, vértices e ângulos, e desenhá-los, utilizando material de desenho ou tecnologias digitais.

EF06MA19 (Introdução)
Identificar características dos triângulos e classificá-los em relação às medidas dos lados e dos ângulos.

EF06MA20 (Introdução)
Identificar características dos quadriláteros, classificá-los em relação a lados e a ângulos e reconhecer a inclusão e a intersecção de classes entre eles.

EF05MA21 (Capítulo 1)
Reconhecer volume como grandeza associada a sólidos geométricos e medir volumes por meio de empilhamento de cubos, utilizando, preferencialmente, objetos concretos.

EF06MA24 (Capítulo 1)
Resolver e elaborar problemas que envolvam as grandezas comprimento, massa, tempo, temperatura, área (triângulos e retângulos), capacidade e volume (sólidos formados por blocos retangulares), sem uso de fórmulas, inseridas, sempre que possível, em contextos oriundos de situações reais e/ou relacionadas às outras áreas do conhecimento.

EF06MA10 (Capítulos 2 e 3)
Resolver e elaborar problemas que envolvam adição ou subtração com números racionais positivos na representação fracionária.

EF06MA07 (Capítulo 3)
Compreender, comparar e ordenar frações associadas às ideias de partes de inteiros e resultado de divisão, identificando frações equivalentes.

EF05MA14 (Capítulos 4 e 5)
Utilizar e compreender diferentes representações para a localização de objetos no plano, como mapas, células em planilhas eletrônicas e coordenadas geográficas, a fim de desenvolver as primeiras noções de coordenadas cartesianas.

EF05MA15 (Capítulos 4 e 5)
Interpretar, descrever e representar a localização ou movimentação de objetos no plano cartesiano (1º quadrante), utilizando coordenadas cartesianas, indicando mudanças de direção e de sentido e giros.

EF06MA16 (Capítulos 4 e 5)
Associar pares ordenados de números a pontos do plano cartesiano do 1º quadrante, em situações como a localização dos vértices de um polígono.

EF07MA11 (Capítulos 6 e 7)
Compreender e utilizar a multiplicação e a divisão de números racionais, a relação entre elas e suas propriedades operatórias.

EF07MA12 (Capítulos 6 e 7)
Resolver e elaborar problemas que envolvam as operações com números racionais.

EF06MA12 (Capítulo 8)
Fazer estimativas de quantidades e aproximar números para múltiplos da potência de 10 mais próxima.

ÍNDICE

A

B

C

D

E

F

G

H

I

O

P

U

V

W

Y

Z

IMPRESSÃO:

PALLOTTI
GRÁFICA

Santa Maria - RS | Fone: (55) 3220.4500
www.graficapallotti.com.br